深埋长隧洞 TBM 施工组织设计 关键技术

洪 松 孙宝升 著

黄 河 水 利 出 版 社

· 郑 州 ·

内 容 提 要

本书对深埋长隧洞 TBM 施工组织设计的一些关键技术问题进行了系统的探讨,既介绍了结合实际工作的体会,也介绍了一些新技术、新成果,以期为读者提供有参考价值的信息。

全书共分 13 章,主要内容包括深埋长隧洞 TBM 施工支洞布置及施工、TBM 选型、TBM 配置、TBM 组装、步进(滑行)与始发、TBM 施工、TBM 施工运输、TBM 施工通风、TBM 施工降温、TBM 施工排水、TBM 施工供电、预制混凝土管片施工组织、不良地质洞段 TBM 施工的应对措施、TBM 施工进度安排等。

本书可供地下工程建设领域工程技术人员参考使用。

图书在版编目(CIP)数据

深埋长隧洞 TBM 施工组织设计关键技术/洪松,孙宝升著. —郑州:黄河水利出版社,2020.11

ISBN 978-7-5509-2849-7

Ⅰ.①深… Ⅱ.①洪… ②孙… Ⅲ.①深埋隧道-长大隧道-水工隧洞-施工组织-设计 Ⅳ.①TV554

中国版本图书馆 CIP 数据核字(2020)第 234474 号

策划编辑:李洪良 电话:0371-66026352 E-mail:hongliang0013@163.com

出 版 社:黄河水利出版社 网址:www.yrcp.com
地址:河南省郑州市顺河路黄委会综合楼 14 层 邮政编码:450003
发行单位:黄河水利出版社
发行部电话:0371-66026940、66020550、66028024、66022620(传真)
E-mail:hhslcbs@126.com
承印单位:广东虎彩云印刷有限公司
开本:787 mm×1 092 mm 1/16
印张:11 彩插:2
字数:254 千字 印数:1—1 000
版次:2020 年 11 月第 1 版 印次:2020 年 11 月第 1 次印刷

定价:60.00 元

敞开式 TBM 主机

敞开式 TBM 整机组装

单护盾 TBM 主机

单护盾 TBM 整机始发

双护盾 TBM 主机（三只撑靴）

双护盾 TBM 整机组装（一对撑靴）

DSU-C 主机

DSU-C 整机组装

前　言

　　深埋长隧洞一般指隧洞最大埋深超过 600 m、长度超过 10 km 的隧洞。近几十年的工程实践证明，深埋长隧洞地质条件的复杂性、工程布置的特殊性使其施工组织面临一系列的技术难题（如施工支洞布置、TBM 选型、施工通风、施工运输、施工进度编制等）。

　　编写本书旨在结合实际工作经验和教训对上述问题进行探讨，以期形成一套深埋长隧洞 TBM 施工组织设计关键技术问题的解决方案。如果您能从本书得到一点点启发，我们将深感荣幸；受制于深埋长隧洞的特殊施工条件，本书探索性地提出了一些新的观点和思路（如水介质换能爆破与悬臂掘进机相结合的施工方案解决超长支洞的施工通风问题；内燃机车和蓄电池机车双机车牵引列车解决超长距离独头通风问题；超短单护盾解决软弱围岩大变形问题；超长距离独头通风的系统计算理论等）。也许有些观点和方法尚不成熟，欢迎读者共同探讨，如果您不吝赐教，我们将不甚感激！

编　者

2020 年 7 月

目　录

第 1 章　深埋长隧洞 TBM 施工支洞布置及施工

1.1　TBM 施工支洞布置

1.1.1　施工支洞分类

1.1.1.1　施工平支洞

从理论上而言，支洞轴线为水平的支洞为平支洞，但在实际工程中这种支洞基本上不存在，如此定义也就失去了其意义。实际工程中，为了表述方便，往往把可采用无轨轮式车辆运输的支洞统称为平支洞。本书中平支洞均指采用轮式车辆运输的施工支洞。

1.1.1.2　施工竖井

倾角为 90°的施工支洞称为施工竖井。根据施工竖井的功能，又可将其分为主井和副井，主井作为主要施工运输通道，副井作为人员进出、通风、供电、供水等通道。深埋长隧洞一般主要采用全断面岩石掘进机（TBM）施工，其掘进出渣具有连续性，而深埋隧洞竖井井深大，采用胶带输送机出渣受到限制，故施工竖井一般不作为 TBM 施工通道，但可作为施工通风、投料或钻爆法洞段施工通道。

1.1.1.3　斜井支洞

本书中把施工平支洞和施工竖井以外的施工支洞统称为斜井支洞。深埋长隧洞一般主要采用 TBM 施工，其掘进速度快、出渣强度高且其有连续性，但斜井支洞一般需采用绞车提升的矿车、箕斗或罐笼运输（大倾角斜井），其运输效率低，不宜作为 TBM 施工支洞，但可作为施工通风通道。

1.1.2　TBM 施工支洞布置原则

深埋长隧洞空间跨度大，隧洞沿线地形、地质条件复杂，为了保障施工工期，合理布置施工支洞尤为重要。施工支洞的布置应综合考虑隧洞工程布置、隧洞沿线地形及地质条件、隧洞工程施工工期、TBM 机型、施工通风、TBM 施工运输、TBM 检修和拆卸、TBM 施工供电等一系列因素，不应顾此失彼。深埋长隧洞 TBM 施工支洞时应遵循以下原则：

（1）施工支洞的布置应满足安全运输的需要。深埋长隧洞采用 TBM 施工时，施工支洞作为施工人员、材料、石渣的共同运输通道，其布置首先应满足安全运输的需要。采用施工平支洞时，其纵坡应满足相关规程规范的要求，当坡度较大时，轮式运输设备应配置下坡自动缓速装置；采用斜井支洞、施工竖井时，提升设备应满足相应提升安全系数的要求。

（2）施工支洞的布置应满足施工通风的需要。空气、水、食物是人体维持生命的主要物质，其中空气是生命体维持生存的根本因素，人类停止呼吸几分钟就可能窒息甚至死亡。因此，施工通风是深埋长隧洞施工至关重要的一环，是保障施工人员正常呼吸和洞内作业环境的关键手段，必须得到充分保证。为此，施工支洞的布置必须满足施工通风的需要。

深埋长隧洞施工一般采用压入式通风，通风机布置于洞口，通风机工作时，新鲜空气通过与通风机相连的通风管输送至掌子面附近，以供给作业人员呼吸所需氧气，并将有害气体浓度稀释至允许范围内。空气在通风管内前行时，将与通风管壁摩擦，此时摩擦力做功，根据流体力学的理论，流体流速越大，则阻力越大，在相同距离内摩擦力做功越多。根据能量守恒定律，摩擦力做功越多，空气流速衰减越快。因此，为了保证洞内最小风速，应增大通风管直径，减小通风阻力。故在布置施工支洞时，应为通风系统的布置预留足够空间，以便采用较大直径的通风管，有效实现长距离独头通风，把足量新鲜空气压送至 TBM 掘进掌子面附近。

（3）施工支洞的布置应满足施工进度的需要。与普通隧洞施工相似，深埋长隧洞的施工也是采取增设施工支洞增加工作面（钻爆法或 TBM 工作面）的方式实现"长洞短打"以保证施工工期。在进行深埋长隧洞的施工组织设计时，一般首先在隧洞进口和出口各布置一台 TBM（有条件时可采用人字坡，使隧洞进出口 TBM 均为顺坡排水），若隧洞进、出口两个 TBM 工作面不能满足按期完工的需要，则可考虑在隧洞沿线适当位置布置 n 条施工支洞，为隧洞施工增加 $n \sim 2n$ 个工作面，以保证隧洞工程按期完工。

（4）施工支洞布置应满足隧洞顺利贯通的需要。深埋长隧洞一般主要采用 TBM 施工，但 TBM 用于隧洞施工有其局限性，如隧洞沿线分布有宽大断层、极强岩爆等不适用于 TBM 掘进的洞段，则应在相应部位布置施工支洞，通过支洞采用钻爆法对此类洞段进行预先处理，TBM 掘进至此时滑行或步进通过已处理洞段。

（5）施工支洞的布置宜满足 TBM 检修的需要。一般而言，进行隧洞 TBM 施工组织设计时，掘进里程 10 km 左右处宜布置一条检修支洞，通过该支洞钻爆法开挖 TBM 检修洞室，TBM 掘进至检修洞室时在此进行全面检修。

对深埋长隧洞而言，为修建检修洞室而专门布置施工支洞代价过大，宜结合宽大断层带及极强岩爆段的处理、施工通风系统的布置统筹考虑检修洞室位置及其施工通道。

随着隧洞 TBM 施工技术的普及，各种 TBM 检修手段都得到了尝试，在 TBM 停机处就地扩挖主机外侧围岩、就地检修方案可行，故预先设置的 TBM 检修洞室已非必需设施。

（6）施工支洞的布置宜满足 TBM 拆卸的需要。深埋长隧洞一般主要采用 TBM 施工，TBM 完成掘进任务后，一般需在洞内拆卸。对深埋长隧洞而言，为形成拆卸洞室而专门布置施工支洞往往代价过大，宜结合相邻洞段扩大洞室统筹考虑 TBM 拆卸方案。

与 TBM 检修相同，各种 TBM 拆卸方式也得到了尝试，在 TBM 停机处就地扩挖主机外侧围岩、就地拆卸方案可行，故预先设置的 TBM 拆卸洞室已非必需设施。

1.1.3　TBM 施工支洞布置程序

施工支洞的布置是一个较为复杂的系统工程，是多方案选优的过程，在遵循上述支洞布置原则的同时，建议按以下程序进行施工支洞的布置：

（1）施工组织设计专业人员配合隧洞设计、工程地质专业人员做好隧洞线路比选，客观、充分地反映各洞线施工组织设计的制约因素，由项目团队综合分析、权衡各洞线优劣后确定 2~3 条比较线路。

（2）施工组织设计专业人员配合隧洞设计、工程地质专业人员，充分考虑永临工程结合，做好各方案永久支洞布置比选，由项目团队综合分析、权衡各永久支洞布置方案优劣，确定各条线路永久支洞的布置方案。

（3）施工组织设计人员会同隧洞设计、工程地质专业人员，认真分析各条线路隧洞沿线地质条件，甄别出不适合采用 TBM 施工的洞段，确定需采用钻爆法施工的隧洞区间。

（4）根据工程地形、地质条件、钻爆法区间所处位置及永久支洞布置，确定是否需为其布置施工支洞，并确定支洞的形式（平支洞、斜井或竖井）和平、纵断面布置。

（5）根据各线路工程地质条件，初步选择 TBM 机型和开挖直径；初步拟定各类围岩中 TBM、钻爆法施工进尺指标。

（6）根据工程地质条件、永久支洞及钻爆法洞段施工支洞布置、TBM 设计寿命、现有施工通风技术能力、隧洞功能和施工工期要求，初步进行 TBM 施工洞段的支洞布置，并对全洞进行施工分段。

（7）根据各线路工程地质条件、各钻爆法及 TBM 法工作面长度、初步拟定的各类围岩钻爆法及 TBM 施工进尺指标，计算各两两交会掘进工作面交点及各工作面的施工工期，并与要求的总工期进行比较。若某工作面施工工期长于要求的施工总工期，可调整其施工段长度或考虑为其增加工作面，在地下水不丰富洞段可考虑一条支洞布置二个 TBM 工作面，顺坡掘进工作面可采用全新 TBM 与逆坡掘进工作面同步施工，也可从其他较早完工的工作面拆移 TBM 用于其施工；当隧洞围岩的岩石单轴抗压强度较低且适合悬臂掘进机施工时，顺坡掘进工作面也可采用悬臂掘进机施工。复核调整工作面长度或增加工作面后该洞段的施工工期，并与要求的施工总工期比较。按此程序反复调整施工分段并进行工期分析，直至满足施工工期的要求。

（8）若无施工总工期要求，则应按上述参数计算合理工期。

（9）根据隧洞施工支洞布置和初拟工作面长度，对各工作面进行施工通风计算和通风系统布置，根据现有通风技术水平，分析其是否可行。若某工作面施工通风系统布置不可行或不合理（如通风机功率过高），调整其列车牵引机车配置方式，将单一内燃机车牵引改为内燃、蓄电池双机车牵引，并再次进行通风计算和通风系统布置，若通风系统仍不可行，可考虑增设通风斜井或竖井。

（10）结合支洞布置，进行 TBM 检修方案设计，充分考虑利用已布置的支洞实施 TBM 检修，无可利用支洞时，可考虑在埋深相对较小洞段附近增设检修支洞；若既无可利用支洞，又无法在埋深相对较小洞段附近增设检修支洞，而设置专门检修支洞又代价过大时，则可考虑通过旁洞开挖检修洞室，分析开挖旁洞和检修洞室占用的工期，并在此基础上复核隧洞施工总工期。

（11）结合支洞布置，进行 TBM 拆卸方案设计，充分考虑利用已布置的支洞施工拆卸洞室，或利用相邻工作面的 TBM 组装洞室实施 TBM 的拆卸。TBM 相向掘进时，尽量使两台 TBM 交会于钻爆法施工洞段，将拆卸洞室布置于钻爆法施工段的一端。若上述方案均无法实现时，可先将 TBM 后配套回拉至 TBM 组装洞室拆卸，再将主机电机拆卸后，在 TBM 主机处施工拆卸洞室原位拆卸 TBM，若采用此种方法拆卸 TBM，将占用隧洞直线工期。经比较，当因延误工期损失的效益超过 TBM 残值时，可考虑将 TBM 向一侧山体掘进并将主机掩于其中，仅将 TBM 后配套拆出。深埋长隧洞一般不为 TBM 拆卸布置专门施工支洞。

（12）对各线路的方案的支洞布置方案进行技术经济比较，优选支洞布置方案；对各线路进行技术经济比较，优选隧洞布置方案。

1.1.4　TBM 施工支洞布置

1.1.4.1　施工平支洞布置

1. 支洞纵坡

因深埋长隧洞埋深大，支洞纵坡对施工支洞长度影响较大，应综合考虑技术及经济因素，水利水电、公路、铁路等行业均对支洞最大纵坡做出了规定，分述如下。

1）水利水电工程

《水利水电工程施工组织设计规范》（SL 303—2017）第 4.6.8 条规定"平洞支洞纵坡：有轨运输不宜超过 2%；无轨运输不宜超过 9%，相应限制坡长 150 m，局部最大纵坡不宜大于 14%"。

2）公路隧道工程

《公路隧道设计规范 第一册土建工程》（JTG 3370.1—2018）第 12.3.3 条规定"各种提升方式斜井倾角应符合下列规定如下：4）无轨运输，不宜大于 7°"，即公路隧道工程平支洞最大纵坡为 12.28%。

3）铁路隧道工程

《铁路隧道设计规范》（TB 10003—2016）第 13.4.4 条规定"采用无轨运输的斜井，其坡度应与运输车辆的爬行能力相适应，其综合坡度不宜大于 10%。斜井宜按

200~300 m 的间距设置缓坡段，缓坡段坡度不宜大于 3%，并应与错车道或防撞设施结合设置"。

上述三部规范对施工平支洞的最大纵坡的规定相差不大，各行业宜遵照本行业规范选择支洞纵坡。但因支洞一般采用钻爆法施工，支洞越长，施工通风难度越大，施工支洞长度不应超过施工通风计算确定的最大独头通风长度（根据支洞断面将通风管直径最大化后的计算结果）。若施工支洞长度超过通风计算确定的最大独头通风长度，则应适当调整支洞纵坡，此时可采用表 1-1 所列工程案例选择支洞纵坡，建议支洞最大纵坡不超过 12%，且所有轮式运输车辆均应配置 EBV 刹车排气辅助制动系统或液力缓速器等类似装置。

表 1-1　近年来国内大坡度支洞相关数据

序号	支洞名称	支洞长度（m）	最大纵坡+缓坡	综合纵坡（%）	开工时间	宽×高（m×m）
1	LX-1	1 267	7.79%（125 m）+0.00%（25 m）	6.49	2012 年	6.70×6.60
2	LX-2	951	12.82%（500 m）+0.00%（25 m）	12.21	2012 年	6.70×6.60
3	LX-4	1 320	10.14%（125 m）+0.00%（25 m）	8.45	2012 年	6.70×6.60
4	LX-5	1 784	11.81%（125 m）+0.00%（25 m）	9.84	2012 年	6.70×6.60
5	LX-5′	1 251	15.43%（389 m）+0.00%（25 m）	14.50	2012 年	6.70×6.60
6	LX-6	2 237	9.48%（125 m）+0.00%（25 m）	7.90	2012 年	6.70×6.60
7	LX-7	1 984	10.81%（125 m）+0.00%（25 m）	9.00	2012 年	6.70×6.60
8	LX-9	2 295	7.77%（125 m）+0.00%（25 m）	6.48	2012 年	6.70×6.60
9	LX-10	1 640	10.07%（125 m）+0.00%（25 m）	8.12	2012 年	6.70×6.60
10	LX-11	839	13.31%（125 m）+0.00%（25 m）	11.09	2012 年	6.70×6.60
11	LX-12	1 870	13.89%（345 m）+0%（25 m）	12.66	2012 年	6.70×6.60
12	LX-13	1 838	13.2%（125 m）+0.00%（25 m）	10.8	2012 年	6.70×6.60
13	LX-14	1 717	3.04%（125 m）+0.00%（25 m）	2.36	2012 年	6.70×6.60
14	引汉济渭-4	5 786	11.96%（200 m）+2.00%（30 m）	10.78	2009 年	6.70×6.50
15	引汉济渭-5	4 595	11.15%（200 m）+2.00%（30 m）	9.94	2012 年	6.70×6.50

续表 1-1

序号	支洞名称	支洞长度（m）	最大纵坡+缓坡	综合纵坡（%）	开工时间	宽×高（m×m）
16	引汉济渭-6	2 470	9.10%（200 m）+3.00%（30 m）	8.32	2009 年	7.70×6.75
17	引汉济渭-7	1 877	6.45%（350 m）+2.00%（30 m）	5.73	2011 年	7.00×6.00
18	XE 隧洞 1#支洞	473	12.90%（200 m）+3.00%（20 m）	12.00	2015 年	7.00×6.58
19	XE 隧洞 2#支洞	2 415	12.90%（200 m）+3.00%（20 m）	12.00	2015 年	7.17×7.00
20	XE 隧洞 3#支洞	1 129	12.90%（200 m）+3.00%（20 m）	12.00	2015 年	6.70×6.55
21	XE 隧洞 4#支洞	130	12.90%（200 m）+3.00%（20 m）	12.00	2015 年	6.70×6.55
22	XE 隧洞 5#支洞	619	12.90%（200 m）+3.00%（20 m）	12.00	2015 年	6.70×6.55
23	XE 隧洞 6#支洞	383	12.90%（200 m）+3.00%（20 m）	12.00	2015 年	6.70×6.55

2. 施工支洞长度

施工支洞长度与其所采用的施工方法有关，采用钻爆法施工时，支洞长度不应超过施工通风计算确定的最大独头通风长度（根据支洞断面将通风管直径最大化后的计算结果）。

施工支洞采用 TBM 掘进时，支洞与通过其掘进的主洞的总长度不应超过 TBM 合理的掘进长度，也不应超过施工通风计算确定 TBM 施工最大独头通风长度（根据支洞断面将通风管直径最大化后的计算结果）。

因深埋长隧洞埋深大，施工支洞一般较长，施工过程中可能遇到各种不良地质条件，若支洞采用 TBM 施工存在较大的淹机风险，且 TBM 施工断面为圆形，中小断面支洞难以形成双车道运输系统，不利于施工运输和险情的处理，故建议一般情况下不采用 TBM 掘进施工支洞；当施工支洞工程地质条件和水文地质条件清晰，确定无突涌水风险时，方可采用 TBM 掘进施工支洞。

3. 缓坡段设置

缓坡段设置与支洞采用的施工方法有关，支洞采用钻爆法施工时，每 200～300 m 设置一段缓坡，缓坡坡度不超过 3%。

近年来，国内虽已有多个采用 TBM 掘进支洞的工程案例，但目前尚无规范规定如何设置采用 TBM 施工的支洞缓坡段，可采用工程类比法适当选取。

神华集团神东煤炭分公司补连塔矿斜井采用单护盾 TBM 施工，该斜井全长 2 744 m，其中明挖段长 26 m，TBM 施工段长 2 718 m，最大坡度 5.43°（9.5%），开挖直径 7.63 m，衬砌后净直径 6.6 m。TBM 施工段每 1 000 m 设置一处长 50 m 的无轨胶轮车

（MSV）停车平台，斜井与停车平台间以半径为 1 200 m 竖曲线顺接。

施工支洞与停车平台顺接的竖曲线半径与 TBM 机型有关，采用敞开式 TBM 时，竖曲线半径可适当减小。

4. 横断面布置

1）采用钻爆法开挖的 TBM 施工运输支洞

深埋长隧洞 TBM 一般采用洞内组装，施工支洞为 TBM 组装时的组件运入通道，也是 TBM 掘进时的施工通风、材料运输、出渣和施工排水的通道，因此其断面应能满足 TBM 最大件运入的要求，同时应能满足施工通风、材料运输、出渣和施工排水的要求。

（1）支洞宽度（W）确定。

①由 TBM 组件确定的支洞宽度（W_1）。

受工地组装条件限制，TBM 主驱动一般整体运输至组装现场，主驱动运输时水平放置，其包装后外径即为组件运输的最大宽度，因各 TBM 制造厂商风格不同，相同直径的 TBM 可能会采用不同直径的主轴承，主驱动直径也各异，设计时应咨询 TBM 制造厂商确定。参考《公路隧道设计细则》（JTG/T D70—2010），若主驱动宽度为 W_m，侧向宽度 L_L 取 0.5 m，余宽 C 取 0.25 m，排水管占用宽度取 0.50 m（占用余宽 0.25 m），则以运输最宽件确定的隧洞宽度 W_1 为 W_m+1.75 m。

②由施工运输确定的支洞宽度（W_2）。

TBM 掘进时，支洞作为材料运输通道，因 TBM 施工具有连续性，其材料运输强度相对较大，一般采用双车道或单车道+错车道。

采用双车道时，因将支洞设为双车道的主要目的是提高错车效率，而非双车并行，参考上述规范，车道宽可取 3.0 m 考虑；侧向宽度 L_L 取 0.5 m，余宽 C 取 0.25 m；排水管道占用宽度按 0.5 m（占用余宽 0.25 m）考虑，若按此规则确定的隧洞宽度记为 W_2，则 W_2 为 7.75 m。

单车道+错车道宽度参考《公路隧道设计细则》（JTG/T D70—2010）隧道断面设计规则确定。参考《水利水电工程施工组织设计规范》（SL 303—2017），单车道段车道宽度按 3.0 m 考虑；侧向安全距离取 0.5 m；人行道宽取 0.75 m；深埋长隧洞施工排水量较大，一般采用 DN300～400 mm 排水管，占用宽度按 0.5 m 考虑，若将单车道隧洞宽度记为 W_3，则 W_3 为 5.25 m。错车道段 2 车道宽度均按 3.0 m 考虑，其余同单车道段，则错车道段宽度 W_4 为 8.25 m。

支洞采用双车道布置时，隧洞宽度 W_s = Max（W_1，W_2）；支洞采用单车道+错车道布置时，单车道段隧洞宽度 W_d = Max（W_1，W_3），错车道段隧洞宽度 W_c = Max（W_1，W_4）。

深埋长隧洞 TBM 施工一般采用胶带输送机出渣，无轨运输量相对较少，且支洞一般较长，采用单车道+错车道断面布置型式较为合理。

（2）高度（H）确定。

①由隧洞高宽比确定的高度 H_1。

为了方便运输，采用钻爆法施工的支洞一般采用直墙圆拱断面，参考《水工隧洞设计规范》（SL 279—2016）第 5.2.1 条"隧洞的高宽比应根据水力学条件、地质条件选用，宜为 1.0～1.5"，即 $H_1 = 1.0～1.5W$。

②由 TBM 组件高宽确定的高度 H_2。

不同的 TBM 机型，其最高组件尺寸不同，设计时咨询 TBM 制造厂商确定，将其记为 H_T；TBM 组件采用拖车运输，设拖车拖板顶面距地高度为 H_v，大件运输过程中间歇式通风，停止通风时，通风管及安全净空合计取 0.5 m，则 H_2 可按下式计算：

$$H_2 = H_T + H_v + 0.5$$

Max（H_1，H_2）即为支洞高度 H。

2）采用钻爆法施工的 TBM 出渣、通风、供电支洞

仅作为 TBM 出渣、施工通风、施工供电的支洞，其断面尺寸不受 TBM 最大件运输尺寸限制，其断面尺寸根据钻爆法施工运输方式、施工通风、施工排水等对断面的要求，按上述规则确定。

3）采用 TBM 掘进的支洞

施工支洞采用 TBM 掘进时，支洞与主洞采用同一台 TBM 施工，故其断面与主洞断面一致。

TBM 通过改造可在一定范围内实现变径，其范围一般不超过 0.5 m，当为满足施工通风、施工运输要求，需采用较大施工支洞断面时，可为同一 TBM 刀盘中心块配备两套边块，支洞掘进时采用大直径刀盘边块，掘进至主洞后更换为小直径刀盘边块，同时对刀座、护盾做相应改造。采用此种方法时，TBM 驱动系统扭矩及推进系统推力应按支洞断面设计。

5. 平面布置

支洞的平面布置视支洞的施工方法而定。

支洞采用钻爆法施工时，根据《水利水电工程施工组织设计规范》（SL 303—2017）第 4.6.8 规定"平洞支洞轴线与主洞轴线交角不宜小于 45°，且宜在交叉口设置不小于 20 m 的平段"。

支洞采用 TBM 施工时，TBM 进入主洞后，在掘进通过 TBM 服务洞段并继续向前掘进直至 TBM 掘进至爆破安全距离以外后停止掘进，然后进行 TBM 服务洞的钻爆法施工。因此，支洞与主洞的交角应满足 TBM 进入主洞后胶带输送机出渣的需要，故主支洞应切线相交。为了使支洞带式输送机处于较好的受力状态，无论采用哪种 TBM 机型，建议 TBM 自支洞掘进进入主洞处转变半径不宜低于 800 m；当采用护盾式 TBM 施工时，转变半径不宜低于 1 200 m。

1.1.4.2 斜井支洞布置

因斜井支洞运输能力低，不适应 TBM 连续施工的要求，本书建议一般情况下不采用斜井支洞作为 TBM 施工的运输通道，但可作为施工通风或钻爆法洞段的施工通道。本书不对斜井支洞做过多介绍，如需采用，可参考《煤矿斜井井筒及硐室设计规范》（GB 50415—2017）进行斜井布置。

国内长斜井一览见表 1-2。

表 1-2　国内长斜井一览

序号	支洞名称	坡度（°）	斜长（m）	总长（m）	断面尺寸（m×m）
1	江门中微子实验站配套斜井	23.02	1 266.00	1 266.00	5.7×5.6
2	香炉山隧洞 2# 施工支洞	17.63	1 035.26	1 255.52	6.5×6.0
3	香炉山隧洞 3-1# 施工支洞	14.31	1 325.06	1 432.11	8.0×6.5
4	香炉山隧洞 4# 施工支洞	26.93	956.72	1 132.35	6.5×6.0
5	香炉山隧洞 5# 施工支洞	24.71	1 073.54	1 245.90	6.5×6.0

1.1.4.3　施工竖井布置

1. 竖井的功能

深埋长隧洞施工竖井井深一般较大，难以采用竖井胶带输送机实现连续出渣，不宜作为 TBM 的主要施工通道，但可作为施工通风、投料或钻爆法洞段的施工通道。

2. 竖井深度确定

随着技术的发展，竖井开挖深度越来越大，很大程度上可满足深埋长隧洞的特殊施工要求。我国矿山深竖井施工相关数据见表 1-3。

表 1-3　我国矿山深竖井施工相关数据

编号	竖井名称	净直径（m）	井深（m）	竣工时间
1	朱集西副井	8.0	1 015	2010 年
2	谢桥副井	8.2	1 011.5	2010 年
3	梁宝寺副井	9.5	1 091.5	2010 年
4	潘一第二副井	8.5	1 034	2010 年
5	济宁安居副井	6.5	1 008	2010 年
6	淮北信湖副井	8.1	1 037	2012 年

续表 1-3

编号	竖井名称	净直径（m）	井深（m）	竣工时间
7	招远金矿东风井	7.2	1 106	2012 年
8	鲁山金矿	5.5	1 287	2013 年
9	云南大红山铁矿风井	5.0	1 190	2013 年
10	谦比希东南矿体北风井	6.5	995	2013 年
11	铜录山铜矿混合井	7.5	1 150	2013 年
12	三鑫金铜矿新主井	4.5	1 086	2013 年
13	三鑫金铜矿新风井	4.0	990	2014 年
14	郭家沟铅锌矿副井	6.0	1 060	2014 年
15	会泽铅锌矿 3# 竖井	6.5	1 526	2015 年
16	岔路口钼多金属矿 2# 探矿井	6.0	1 184	2016 年
17	本溪思山岭铁矿副井	10.0	1 355	2018 年
18	本溪思山岭铁矿措施井	6.0	1 277	2018 年
19	本溪思山岭铁矿风井	7.5	1 273	2018 年

3. 竖井直径确定

竖井直径根据其功能确定。

竖井作为通风井时，其直径根据通风井最大风速确定。《水利水电工程施工组织设计规范》（SL 303—2017）附录 D.2 规定"运输洞与通风洞最大风速不应超过 6.0 m/s"。根据最大风速和施工通风量计算成果即可确定竖井直径。

竖井作为投料井时，竖井直径根据投料方法、投料强度等确定。

竖井仅作为钻爆法施工通道时，主、副井布置方式造价相对较高，建议采用混合井布置方式。其直径根据需运入设备的尺寸、提升设备型号、通风、排水、供电管线布置等确定。

竖井也可作为 TBM 施工的出渣通道，采用链斗式胶带机出渣，但其深度一般不超过 200 m，见图 1-1。

图 1-1　链斗式竖井胶带输送机

1.2　TBM 施工支洞的施工方法

1.2.1　平支洞施工方法

1.2.1.1　钻爆法

1. 施工方法

隧洞钻爆法施工一般采用风钻、二臂或多臂凿岩台车在掌子面按一定规律钻设爆破孔，孔内填装炸药，毫秒微差雷管引爆炸药，岩体在巨大爆力和爆轰波作用下被解体成大小不等的岩块。石方洞挖一般采用光面爆破，也可采用预裂爆破，但相对较少。

2. 钻爆法的优缺点

钻爆法是石方洞挖最为成熟、灵活和经济的施工方法，但其缺点也较明显：施工过程产生大量爆破烟尘，洞内环境差；当支洞较长时，施工通风困难；开挖进尺相对较慢；当支洞较长且为施工进度关键线路项目时，采用钻爆法施工将使工程总工期延长；在火工产品严格受控的地区，钻爆法施工进尺不可避免地受到其供应条件影响，施工进度可控性较差。

3. 钻爆法的适用条件

钻爆法适用于对开挖月进尺要求不高、独头通风距离不长（视支洞断面而定，断面越小，最大独头通风长度越短）的平支洞的开挖。钻爆法可用于各类软硬岩体的石方洞挖。

随着通风技术的发展，采用大直径、高耐压值通风管，中等断面以上隧洞的最大独头通风距离获得了较大的延伸，如引汉济渭工程 4# 支洞，长约 5.8 km，全洞采用钻爆法施工，施工通风控制指标达到了相关规范的要求。

尽管通过采用高质量通风管、增大单节通风管长度、增设射流风机等措施，还可在一定程度上增大钻爆法施工的最大独头通风距离，但仍建议将其控制在 6 km 以内，在高海拔地区应根据计算成果相应缩短。

当支洞采用钻爆法施工满足施工进度、施工通风要求时，宜优先采用钻爆法施工。支洞采用钻爆法施工时，宜采用爆破新技术减少爆破对洞内环境的污染，缩短通风散烟时间。

4. 爆破新技术——水介质换能爆破

水介质换能爆破技术自 2016 年问世以来，其节省施工成本、减小各种爆破危害、节能环保等优越性已在工程爆破领域得到验证。

若把被爆介质中堵塞后的药腔内的炸药、与炸药隔离的封闭水介质、起爆装置作为一个系统（称为水介质爆破系统），由于该系统内炸药爆炸的瞬时性，爆炸产生的热能还未传递给被爆介质时爆炸过程已经完成，因此可将水介质爆破系统作为绝热系统看待。

由于在水介质换能爆破系统中加入了一定量的水，因水的比热容大，易吸收或释放热能，炸药爆炸所释放的热能在绝热的水介质换能爆破系统中转换为水的内能，水在高温下由液态转变为气态（部分分解为 H_2 和 O_2）。在自由状态下，药腔中的炸药和水在炸药爆炸时由固态、液态转变为气态，其体积将增加 1 000 倍以上，但由于其被密封于水介质换能爆破系统中，爆生气态物质被转化为气体的压缩势能。随后，高温高压气态物质急剧膨胀，挤压被爆介质，使之发生破裂、破碎、鼓包、塌落做功等运动过程。在这一过程中，炸药爆炸热能转换为水介质的内能或势能，势能又通过做功转换为动能，故称为"水介质换能爆破"。因为水介质换能爆破系统是绝热系统，其能量转换效率高，因此能有效地提高炸药的能量利用率，同时也相对延长了瞬时爆破的时程，故爆破危害作用明显减轻。

简言之，在水介质换能爆破系统中，因为有水参与炸药爆炸的能量转换过程，其能量转换效率高，且高温高压气态物质膨胀做功使炸药的爆炸能量较为缓慢地释放，冲击波效应明显减小。因此，水介质换能爆破在有效提高炸药能量利用率的同时，也使炸药爆炸所产生的空气冲击波、地震波、爆破飞石、光和声效应等危害作用减小。

水介质换能爆破用于隧洞工程施工有以下优势。

1）减少炸药用量

水介质换能爆破可有效降低石方开挖炸药单耗，从而减少炸药用量。采用水介质换能爆破后，石方开挖炸药单耗可降低 20% 以上，见表 1-4。

表 1-4　水介质换能爆破炸药单耗统计

工程名称	原普通爆破炸药单耗（kg/m³）	水介质换能爆破炸药单耗（kg/m³）	炸药单耗降低率（%）
广东梅州抽水蓄能洞挖	2.85	2.10	26.32
江苏江阴民丰采石场明挖	0.44	0.31	29.55
广西崇左市政道路明挖	0.46	0.36	21.74
老挝南欧江三级水电站二期基坑明挖	0.47	0.36	23.40
湖南双峰海螺水泥矿山明挖	0.55	0.41	25.45
老挝南欧江七级水电站采石场明挖	0.35	0.25	28.57
贵州清镇站街采石场明挖	0.50	0.38	24.00

2）减小爆破振动

水介质换能爆破能有效降低爆破振速，其自身的减振作用在 30% 以上，而炸药量每减小 1%，爆破振速将降低 0.5%~0.6%。由于采用水介质换能爆破技术比普通爆破技术所需炸药量减少 20% 以上，爆破质点振速减小 10% 以上；两者叠加采用水介质换能爆破技术与采用普通爆破技术相比，总体爆破振动的质点振速将降低 40% 以上。

3）减小爆破飞石距离

由于水介质换能爆破技术主要依靠高温高压气态物质急剧膨胀挤压、破碎被爆介质破岩，爆渣就地塌落而不会产生抛掷，因此爆破飞石可控制在 20~30 m，且飞散物大多为粒径小于 3 cm 的碎屑。图 1-2 为老挝南欧江三级水电站距爆破试验区 18.6 m 处爆破飞石监测情况，共收集到 4 颗片状小飞石，最大飞石大小为 40 mm×1.8 mm×4 mm；布设在 30 m 以外的彩条布未收集到任何粒径飞石。

因水介质换能爆破飞石距离小，施工时可适当缩短避炮距离，提高施工效率。

4）减少爆破烟尘

采用水介质换能爆破，可将洞内的爆破烟尘减少 50%~90%，从而可缩短通风排烟时间，提高施工效率。

基于以上优势，水介质换能爆破用于支洞施工时，可改善洞内环境、缩短通风时

图 1-2　飞石监测结果图

间、相应延长支洞最大设计长度，且简单易行，在深埋长隧洞支洞施工中有较大的应用价值。

1.2.1.2　悬臂掘进机施工方法

1. 施工方法

1）悬臂掘进机法

在"以人为本"管理理念指导下，工程施工对环保、人性化的要求越来越高，且在可预见的未来时期内对火工材料的管控将越来越严格，采用机械开挖隧洞成为一种发展趋势。隧洞围岩为中硬岩及软岩时，悬臂掘进机法是较适合的支洞施工方法。

悬臂掘进机是一种部分断面掘进机，其刀具（截齿）安装于切割臂端部的切割头上，当切割头在切割臂上旋转时，截齿挤压、冲击岩体，实现破岩；切割臂上、下、左、右摆动可实现不同断面的成型。根据切割头的旋转方向，可把悬臂掘进机分为纵轴式和横轴式悬臂掘进机。纵、横轴式悬臂掘进机代码分别为 EBZ 和 EBH，其中 E 代表掘进机，B 代表悬臂式，Z 代表纵轴式，H 代表横轴式。纵、横轴式悬臂掘进机分别见图 1-3 和图 1-4。

切割头切割围岩时，安装于铲板上的星轮旋转将岩渣上料至一运机构，通过一运机构向后输送、装载至悬臂掘进机后方运渣车，由运渣车运出洞外。当装车距离较远或装载高度较高时，可配置二运机构接力装渣，二运机构也可直接向支洞胶带输送机转渣。

2）悬臂掘进机+水介质换能爆破

当支洞部分洞段围岩完整、岩石饱和单轴抗压强度（UCS）大于 60 MPa 或为石英含量较高的粒状结构岩体（如砂岩）时，采用悬臂掘进机施工进尺缓慢、截齿消耗量大，此时需辅以爆破开挖。

采用悬臂掘进机与爆破相结合方案时，为减小振动及飞石距离、缩短机械退避距

图 1-3　纵轴式悬臂掘进机

图 1-4　横轴式悬臂掘进机

离、缩短爆破通风时间，宜采用悬臂掘进机与水介质换能爆破相结合施工的方案。

2. 优缺点比较

悬臂掘进机采用电机驱动，开挖过程中无爆破烟尘，不产生有害气体，洞内施工环境相对较好；同时，因其为部分断面开挖，无卡机之虞；在岩石 UCS 较小的中小断面隧洞中开挖进尺比钻爆法高。

悬臂掘进机的缺点也比较明显：当岩体完整且岩石 UCS 较高（60 MPa 以上）或为石英含量较高的粒状结构岩体时，其掘进效率低（每小时仅开挖数方）；尽管可辅以爆破、液压劈裂等手段，但程序相对复杂；悬臂掘进机截齿间距小，其破岩形成的岩渣粒径小，能量消耗多，截齿消耗费用高，产生粉尘也较多；此外，因悬臂掘进机分部开挖，其掘进效率以 m^3/h 计，当隧洞断面较大时，其掘进进尺低。

3. 适用范围

悬臂掘进机法主要用于不得采用钻爆法开挖的支洞的施工；或用于支洞长度过大、采用钻爆法无法实现有效施工通风的洞段的施工。

中型悬臂掘进机适用于岩石饱和单轴抗压强度低于 60 MPa、裂隙较发育的非粒状结构岩体的中小断面支洞的施工；大型悬臂掘进机适用于岩石饱和单轴抗压强度低于 80 MPa、裂隙较发育的非粒状结构岩体中等断面支洞的施工。

单台悬臂掘进机不适用于大断面支洞的施工，需要采用时，可采用 2 台以上悬臂掘进机台阶法同步施工。

鉴于深埋长隧洞地质条件的复杂性和悬臂掘进机适用条件的局限性，无论采用何种悬臂掘进机开挖支洞，均宜与其他方式相结合。

1.2.1.3 TBM 法

1. 施工方法

支洞采用 TBM 施工时，其施工方法与主洞一致，均采用 TBM 全断面破岩，同步完成一次支护或永久支护，其不同之处主要体现在施工运输上：支洞 TBM 施工时一般采用无轨运输，主洞 TBM 施工时一般采用有轨（或无轨转有轨）运输。

2. TBM 法施工平支洞的优缺点

深埋长隧洞的支洞采用 TBM 法施工的最大优点是安全（无突涌水风险时）和快速。无论采用哪种 TBM 机型，其施工安全性均高于钻爆法施工，其开挖速度也较前述方法大大提高；TBM 通风系统的单节通风管长度一般在 200 m 以上，因通风管接头少，通风效率高，通风效果好，可用于超长支洞的施工；TBM 可掘进超硬岩，基本不受岩石单轴抗压强度的制约。

TBM 法施工支洞也有其缺点：当支洞沿线地下水丰富、突涌水风险较大时，采用 TBM 施工存在较大的淹机风险；软弱围岩洞段较长时，施工中存在较大的卡机风险；因支洞内无法采用有轨运输，而施工时运输车辆又必须进入 TBM 后配套内部，因此需采用多功能车辆（MSV）运输或轨道导引胶轮机车牵引列车运输；施工运输成本较高。

轨道导引胶轮机车的特点是机车同时装配有胶轮和钢轮，在支洞中行驶时胶轮与洞底接触提供牵引力反力，钢轮与轨道接触起导向作用。列车由轨道导引胶轮机车牵引，可直接进入后配套内部。

采用轨道导引胶轮机车的工程案例较少，作为一种新技术，仍有待改进，但因其可实现地面、洞内运输的顺畅连接，仍可作为一个发展方向，在实用中不断改进。轨道导引式胶轮机车实物见图 1-5。

图 1-5　轨道导引式胶轮机车

MSV 是英文 Mutiple Service Vehicle 的缩写，直译即为多功能车辆，国内称为双头胶轮车。MSV 的主要特点是其双驾驶室和窄体车身，因此可直接进入 TBM 后配套内部。MSV 可以运输各型 TBM 施工所需各种材料。MSV 实体照片见图 1-6。

图 1-6　MSV 实体照片

国内外 TBM 施工使用 MSV 运输的工程案例见表 1-5。

表 1-5　国内外 TBM 施工隧洞 MSV 应用工程案例

项目名称	项目地点	机型	开挖直径（mm）	隧洞长度（m）	坡度
Gavet	法国	敞开式 TBM	4 740	3 418+5 628	5%
Sluiskil	荷兰	复合式 TBM	11 340	2 290	10%
Brisbane	澳大利亚	双护盾 TBM	12 340	4 270	5%

续表 1-5

项目名称	项目地点	机型	开挖直径（mm）	隧洞长度（m）	坡度
香港	中国	复合式 TBM	9 250	4 800	5%
Sochi	俄罗斯	单护盾 TBM	13 120	3 148	10%
Pittshurgh	美国	复合式 TBM	6 920	1 381	10%
Glendoe	英国	敞开式 TBM	5 030	7 524	11.5%
巴黎	法国	复合式 TBM	11 565	9 810	7%
内蒙补连塔	中国	单护盾 TBM	7 630	2 744	9.5%
新疆某工程	中国	敞开式 TBM	6 530	2 583	10.4%

MSV 主要技术参数见表 1-6。

表 1-6　海瑞克法国子公司 MSV 主要技术参数

项目名称	单位	单节 MSV	双节 MSV	三节 MSV
载重	t	10~65	40~140	120~200
宽度	m	1.0、1.2、1.5、1.7、1.9	1.5、1.7、1.9	1.9
车轮总数	个	4、6、8	8~20	24
驱动轮数	个	4、6、8	8~20	24
驱动功率	kW	100、150、200、315	200、315、400	12 或 24
最大车速	km/h	25	20	16
最大坡度	%	25	20	15
转向系统		电子	电子	电子
刹车系统		主动、静态双重盘式制动器	主动、静态双重盘式制动器	主动、静态双重盘式制动器

3.TBM 法施工平支洞的适用范围

深埋长隧洞施工支洞一般较长，采用钻爆法施工有时难以满足工程施工工期的要求，或难以满足施工通风的要求，在此情况下，平支洞可考虑采用 TBM 法施工。近年来，国内已有多个项目采用 TBM 掘进支洞，但因施工支洞纵坡相对较大，底部电机安装高程以下容积小，较小的突涌水量即可淹没电机，尽管 TBM 驱动电机防水标准较高（底部电机一般采用 IP67），但也仅允许短暂浸泡，在富水洞段采用此法存在较大淹机风险。故只有在支洞地质条件清晰、基本无突涌水风险时方可采用此法。

1.2.1.4　平支洞施工方法选择

平支洞施工方法的选择应综合考虑以下因素：施工支洞工程地质条件、水文地质条件、支洞纵坡、支洞断面、支洞是否为施工进度关键线路项目、工程区对火工材料管控程度等。平支洞施工方法选择遵循下列原则：

（1）因钻爆法施工具有灵活、适用范围广、经济等优点，当支洞采用钻爆法施工不影响工程总工期，且能满足施工通风质量要求时，宜优先采用钻爆法施工。

（2）当支洞工程地质条件和水文地质条件清晰，判定基本无突涌水风险，且支洞采用钻爆法施工将延长工程总工期时，可采用 TBM 施工。

（3）当支洞沿线突涌水风险较大，支洞围岩以中硬岩或软岩（饱和 UCS≤60 MPa）为主、岩体裂隙发育、岩体非粒状结构，且支洞长度大、支洞断面相对较小，钻爆法施工无法满足施工通风要求时，可在部分洞段（施工通风困难洞段）或全洞采用悬臂掘进机施工，必要时辅以爆破开挖。

（4）当支洞沿线突涌水风险较大，且支洞围岩以硬岩（饱和 UCS>60 MPa）为主、岩体完整或岩体为粒状结构时，则宜选择钻爆法施工；当支洞采用钻爆法施工不能满足施工工期或施工通风质量要求时，则应增加施工支洞。

1.2.2　斜井支洞施工方法

深埋长隧洞的斜井支洞一般较长，其实际工程意义相对较小，一般不建议采用，在此不做过多论述。

若因施工通风等因素必须采用斜井且斜井支洞长度过大时，可考虑建洞内绞车房，采用分段提升、中部水平调度的方法以降低施工难度。

斜井支洞一般采用钻爆法施工，当支洞工程地质条件和水文地质条件清晰，判定其开挖过程基本无突涌水风险，且支洞采用钻爆法施工将延长施工总工期时，可采用斜井 TBM 施工。

1.2.3　竖井施工方法

1.2.3.1　反井法

1. 竖井反井法施工

反井法是在存在下部通道情况下，先采用反井钻机自上而下打设导孔，再在下部安装反拉钻头自下向上扩孔，安装于钻头上的刀具在拉力作用下挤压、切割岩石形成导井，然后再自上向下钻爆法扩挖、导井落渣，形成竖井。

BMC 系列矿用反井钻机见图 1-7；BMC 系列矿用反井钻机技术参数见表 1-7。

图 1-7　BMC 系列矿用反井钻机主机

表 1-7　BMC 系列矿用反井钻机技术参数

项目名称	单位	BMC200	BMC300	BMC400	BMC600
导孔直径	mm	216	241	270	350~380
扩孔直径	m	1.2	1.4	2.0	3.5~5.0
最大钻深	m	200	300	400	600
钻进推力	kN	350	550	1 650	1 300
扩孔拉力	kN	850	1 250	2 450	6 000
额定扭矩	kN·m	35	64	85	92
额定转速	r/min	2~43	2~20	0~22	0~18
最小倾角	(°)	60~90	60~90	60~90	60~90
钻杆外径	mm	182	203	228	327
工作状态外形尺寸	mm×mm×mm	3 110×1 390×3 340	3 250×1 514×3 635	3 310×1 830×4 740	
运输状态外形尺寸	mm×mm×mm	2 290×1 230×1 430	3 085×1 468×1 260	3 270×1 750×1 950	
重量	kg	7 900	8 700	12 500	25 200

2. 竖井反井法施工优缺点

竖井反井法施工的优点是石渣落于井底，导井成井速度相对较快；因竖井扩挖时导井已经形成，其还可以作为竖井扩挖时的排水通道，因此反井法施工对井位处水文地质条件要求不高。

其缺点是程序较多，需经钻设导孔、钻设导井、竖井扩挖 3 个阶段方可成井，竖井扩挖、井壁支护机械化施工程度较低；竖井反井法施工时，必须预先形成下部通道，这一前提条件在深埋长隧洞中往往难以实现，需在主洞掘进至井位处才能形成下部通道，此时竖井施工将占用直线工期。反井钻机施工程序见图 1-8。

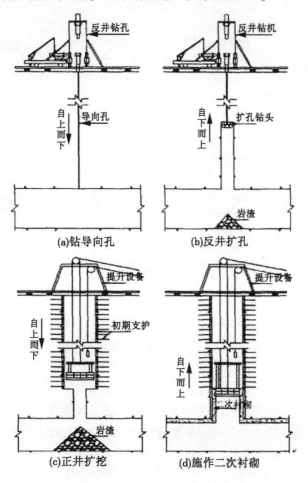

图 1-8　反井钻机施工程序示意图

3. 竖井反井法施工的适用条件

从上述反井钻机技术参数和施工程序可知，竖井反井法施工适用于竖井下部通道已经形成且深度不大的竖井的施工，当竖井深度超过一定深度时，需为竖井的施工布置支洞，分段施工。

1.2.3.2 正井法

1. 竖井正井法施工

竖井采用正井法施工的主要施工程序为：在井口设井架，井架分井口、二平台、天轮平台；通过一组稳车下放、固定吊盘；施工人员在各层吊盘上作业；伞形钻的多个外臂钻设爆破孔；中心回转抓岩机装渣；主、副提升绞车提升。当完成一个开挖循环的施工时，将整体下行式钢模板下落至预留渣面，进行现浇混凝土衬砌，每仓衬砌高度可达 4.0 m。

竖井正井法施工程序见图 1-9。

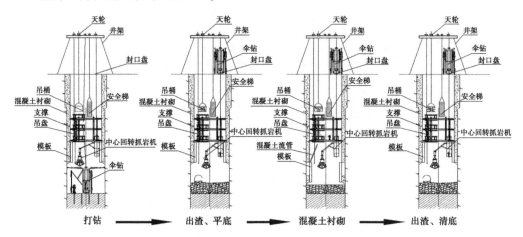

图 1-9　竖井正井法施工程序示意图

2. 竖井正井法施工优缺点

竖井正井法可用于深度较大的竖井的施工，国内正井法施工的竖井最大深度已超过 1 500 m；竖井正井法施工无需预先形成下部施工通道；竖井一次成型，施工程序相对简单。

因竖井采用正井法施工时其下部无排水通道，需自下向上抽排水，若井内发生突涌水易淹没工作面；当竖井深度大需分级排水时，排水系统设置困难。因此，正井法对井位处水文地质条件较为敏感，当井内涌水量超过 15 m³/h 时，施工排水较为困难，竖井施工难度大。

3. 竖井正井法施工的适用条件

根据上述分析可知，竖井正井法施工适用于井位处地下水不丰富，无下部施工通道的竖井的施工。

1.2.3.3 竖井施工方法选择

竖井施工方法选择的主要依据有：是否具备下部施工交通通道、竖井井深和井位处水文地质条件。依下列程序选择：

（1）当竖井下部可预先形成施工通道且井深不大（$H \leqslant 400$ m）时，宜采用反井法施工。

（2）当竖井下部可预先形成施工通道，但深井较大（$H>400$ m），采用反井法施工需布置施工支洞，且井位处地下水不丰富时，宜采用正井法施工。

（3）当竖井下部可以预先形成施工通道，但深井较大（$H>400$ m），且井位处地下水丰富，采用正井法施工存在较大的突涌水淹井风险时，宜采用反井法施工，此时需为竖井施工布置施工支洞。

（4）当竖井下部不能预先形成施工通道，且井位处地下水不丰富时，宜采用正井法施工。

（5）当竖井下部不能预先形成施工通道，且井位处地下水丰富，采用正井法施工存在较大的突涌水淹井风险，若采用地面注浆代价不大时，可采用正井法施工；若地面注浆代价过大，则宜重新选择竖井位置。

第 2 章　深埋长隧洞 TBM 选型

2.1　常用 TBM 类型

TBM 是集机械、电气、液压、激光、信息技术为一体的大型成套隧洞施工专用设备，是一座移动的隧洞施工工厂。

目前，全断面硬岩 TBM 主要有 4 种机型，即敞开式 TBM、单护盾式 TBM、双护盾式 TBM 和 DSU-C。

近年来，深埋长隧洞的工程实践证明，无论哪种机型均有其局限性，都无法完全适应深埋长隧洞复杂的地质条件，因此 TBM 选型是深埋长隧洞施工组织设计的重中之重，必须慎之又慎。

TBM 为非标设备，每台 TBM 均是为特定工程专门定制的设备，因此在 TBM 机型基本确定的前提下，针对工程特定地质条件的 TBM 个性化设计也同等重要。本书在现有机型的基础上，也将对特定地质条件下 TBM 针对性设计进行探讨。

2.1.1　敞开式 TBM

与护盾式 TBM 相比，敞开式 TBM 的显著特征是除刀盘、主驱动、拱架安装器外，其他主机设备均敞露于隧洞围岩之下。敞开式 TBM 基本具备钻爆法施工的全部功能，可实现掘进、支撑钢拱架、钻设锚杆孔、挂钢筋网（以人工为主）、钻设超前支护孔、实现超前灌浆等，但迄今为止尚无敞开式 TBM 实现全环封闭超前预注浆的工程案例。编者参与设计的新疆某工程所采用敞开式 TBM 虽在理论上具备此功能，但实施起来相当麻烦，尚未得到实际应用。

敞开式 TBM 机头较短，一般在 5.0 m 左右，其中护盾长度约 4 m。按其支撑类型，可分为单水平支撑和双 X 支撑，后者目前已较少使用，不做进一步讨论。

敞开式 TBM 由主机、主机辅助设备、后配套及后配套辅助设备组成。

敞开式 TBM 主机主要由刀盘及刀具、刀盘护盾、主轴承及主驱动、润滑系统、主梁、支撑及撑靴、后支撑、推进系统、主机胶带输送机、液压系统、电气及控制系统、操作室等组成。

敞开式 TBM 主机辅助设备主要有：超前钻机、钢拱架安装器、L1 区应急喷混凝土系统、锚杆钻机、钢筋网辅助安装装置、二次通风系统、除尘系统、数据采集及处理和传输系统、激光导向系统等。

敞开式 TBM 主机剖视图见图 2-1。

1—刀盘；2—铲斗；3—出渣环；4—顶护盾；5—钢拱架安装器；6—锚杆钻机；
7—主机胶带输送机；8—超前钻机单元；9—推进油缸；10—撑靴；11—后支撑
图 2-1　敞开式 TBM 主机剖视图

后配套包括设备连接桥、平台车、连接桥胶带输送机、后配套胶带输送机、加利福尼亚道岔。

后配套辅助设备包括材料提升及转运系统、L2 区喷混凝土系统、L2 区锚杆钻机、灌浆系统、高压电缆卷、冷却系统、供水系统、应急发电机、空气压缩机、混凝土输送泵、排水系统、有害气体监测系统、消防系统、通信系统、电视监视系统、照明系统、维修间、办公室、卫生间、救生舱等。

2.1.2　单护盾 TBM

单护盾 TBM 由主机、主机辅助设备、后配套及后配套辅助设备组成。

单护盾 TBM 主机主要由刀盘及刀具、主轴承及主驱动、润滑系统、护盾及稳定器、推进油缸、主机胶带输送机、管片安装机、液压系统、电气及控制系统、操作室等组成。

主机辅助设备主要有超前钻机、刀具及管片运输装置、二次通风系统、除尘系统、数据采集及处理系统、激光导向系统等。

单护盾 TBM 主机长度一般在 11 m 左右，其中护盾长约 10 m，见图 2-2。

后配套包括设备连接桥、平台车、连接桥胶带输送机、后配套胶带输送机、加利福尼亚道岔。

后配套辅助设备包括材料提升及转运系统、灌浆系统、豆砾石系统、高压电缆卷、冷却系统、供水系统、应急发电机、空气压缩机、排水系统、有害气体监测系统、消防系统、通信系统、电视监视系统、照明系统、维修间、办公室、卫生间、救生舱等。

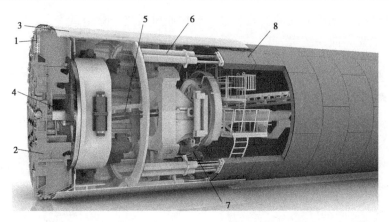

1—铲斗；2—刀盘；3—护盾；4—出渣环；5—主机胶带输送机；
6—推进油缸；7—管片安装机；8—豆砾石及回填灌浆

图 2-2 单护盾式 TBM 主机剖视图

2.1.3 双护盾 TBM

双护盾 TBM 由主机、主机辅助设备、后配套及后配套辅助设备组成。

双护盾 TBM 主机主要由刀盘及刀具、主轴承及主驱动、润滑系统、前盾及稳定器、主推进油缸、伸缩护盾（含内盾、外盾）、支撑护盾及撑靴、尾盾、辅助推进油缸、主机胶带输送机、管片安装机、液压系统、电气及控制系统、操作室等组成。

双护盾 TBM 主机辅助设备主要有：超前钻机、刀具及管片运输装置、二次通风系统、除尘系统、数据采集及处理系统、激光导向系统等。

双护盾 TBM 主机长度一般在 12.5 m 左右，其中护盾长约 11.5 m，见图 2-3。

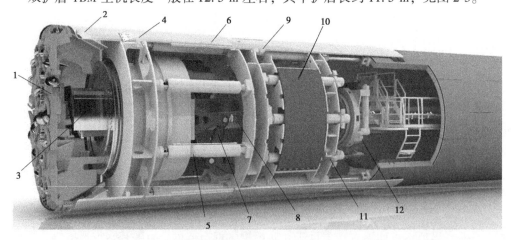

1—刀盘；2—前盾；3—出渣环；4—稳定器；5—主推进油缸；6—伸缩护盾；7—扭矩油缸；
8—主机胶带输送机；9—支撑护盾；10—撑靴；11—辅助推进油缸；12—管片安装机

图 2-3 双护盾式 TBM 主机剖视图

后配套包括设备连接桥、平台车、连接桥胶带输送机、后配套胶带输送机、加利福尼亚道岔。

后配套辅助设备包括材料提升及转运系统、灌浆系统、豆砾石系统、高压电缆卷、冷却系统、供水系统、应急发电机、空气压缩机、排水系统、有害气体监测系统、消防系统、通信系统、电视监视系统、照明系统、维修间、办公室、卫生间、救生舱等。

2.1.4　DSU-C

DSU-C 是一种复合式 TBM，可将其视为一种独立的机型。DSU-C 是 double shield universal-compact 的缩写，直译即为紧凑型通用双护盾。DSU-C 配置有推进油缸和辅助推进油缸，当隧洞围岩承载力低，以致撑靴无法工作时，其可采用辅助推进油缸顶推钢管片（采用钢拱架安装器安装）以单护盾模式掘进；当隧洞围岩足以提供推进反力时，则以撑靴支撑洞壁，以敞开式模式掘进。其掘进模式较为灵活。

DSU-C 主机与双护盾基本一致，不同之处是以指形护盾取代双护盾 TBM 的尾盾。

主机辅助设备主要有钢拱架安装器、锚杆钻机、超前钻机、刀具运输装置、二次通风系统、除尘系统、数据采集及处理系统、激光导向系统等。

DSU-C 主机长度一般在 12 m 左右（含指形护盾），其中护盾长约 11 m，见图 2-4。

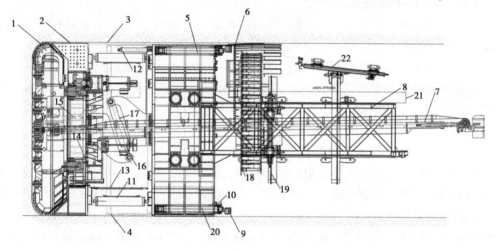

1—刀盘；2—前护盾；3—外伸缩护盾；4—内伸缩护盾；5—支撑护盾；6—指形护盾；7—主机胶带输送机；
8—超前钻机 & 锚杆钻机主梁；9—辅助推进油缸靴板；10—辅助推进油缸靴板固定装置；11—主推进油缸；
12—铰接油缸；13—行程测量油缸；14—轴承支撑；15—出渣环；16—扭矩臂；17—反扭矩油缸；
18—钢拱架安装器；19—锚杆钻机；20—辅助推进油缸；21—二次通风管；22—超前钻机

图 2-4　DSU-C 主机剖视图

后配套包括设备连接桥、平台车、连接桥胶带输送机、后配套胶带输送机、加利福尼亚道岔。

后配套辅助设备包括材料提升及转运系统、L2 区喷混凝土系统、L2 区锚杆钻机、灌浆系统、高压电缆卷、冷却系统、供水系统、应急发电机、空气压缩机、排水系统、有害气体监测系统、消防系统、通信系统、电视监视系统、照明系统、维修间、办公室、卫生间、救生舱等。

2.2　各类型 TBM 的优缺点分析

2.2.1　敞开式 TBM

2.2.1.1　敞开式 TBM 的主要优点

（1）支护手段较为灵活，基本具备钻爆法施工的全部支护手段。

（2）盾体较短，且可在一定范围内沿径向收缩，护盾卡机概率相对较小且较易处理。

（3）设备价格相对较低。

2.2.1.2　敞开式 TBM 主要缺点

（1）设备及施工人员暴露在隧洞围岩或初期支护之下，施工安全性低于护盾式 TBM，尤其在强岩爆洞段存在较大的施工安全风险。

（2）隧洞围岩承载力低时，撑靴无法提供推进力，TBM 无法掘进。

（3）深埋长隧洞的施工支洞布置困难，导致单工作面独头掘进长度大，若采用敞开式 TBM 施工，则需在隧洞贯通后再进行现浇混凝土衬砌，使 TBM 平均月成洞进尺大幅降低。

（4）受撑靴宽度限制，钢拱架间距需为 900 mm 左右（中型断面以上隧洞），小于此间距时，钢拱架不能嵌入撑靴上的拱架槽中，若不加处理继续掘进将导致已安装的钢拱架将被撑靴压坏。为避免这一情况发生，需在撑靴通过前在已安装钢拱架周围喷射混凝土，将钢拱架埋入其中，这一过程大大降低了 TBM 的掘进速度；采用双槽撑靴可解决钢拱架间距问题，但对钢拱架安装精度要求较高，否则难以把两榀钢拱架同时嵌入槽中。

（5）L1 区应急喷混凝土系统工作时，对设备污染大，需对其覆盖保护，导致施工效率降低。

（6）锚杆钻机沿环绕主梁的齿圈运行，其钻孔方向与齿圈相切，因此锚杆的单杆钻深受齿圈切线长限制，在中、小直径隧洞中，锚杆钻机单杆钻孔深度较小，且锚杆与洞壁不垂直，使锚杆有效长度减小。

（7）Ⅳ、Ⅴ类围岩洞段一次支护需占用掘进时间，使一个掘进循环时间延长，平均掘进进尺较慢。

2.2.2　单护盾 TBM

2.2.2.1　单护盾 TBM 的优点

（1）与敞开式 TBM 相比，单护盾 TBM 的设备和施工人员在护盾或已衬砌管片的保护之下，安全性及洞内施工环境相对较好。

（2）与敞开式 TBM 相比，单护盾 TBM 由推进油缸向后顶推已安装管片提供推进反力，推进不受围岩条件限制，在软岩洞段仍可掘进。

（3）与双护盾 TBM 相比，单护盾 TBM 无伸缩护盾，盾体比双护盾 TBM 短，护盾卡机概率相对较低、卡机处理相对容易。

（4）与双护盾 TBM 相比，单护盾 TBM 无伸缩护盾、支撑系统、辅助推进油缸，主机价格相对较低。

2.2.2.2　单护盾 TBM 的缺点

（1）与敞开式 TBM 相比，单护盾 TBM 盾体仍相对较长，护盾卡机处理相对困难。

（2）与双护盾 TBM 相比，单护盾 TBM 无独立支撑系统，推进油缸同时承担着辅助安装管片的功能，管片安装时需停止掘进，即单护盾 TBM 掘进和管片安装不能同时进行，综合掘进速度比双护盾 TBM 低。

（3）因采用管片衬砌，单护盾 TBM 不宜用于内水压力较高的输水隧洞的施工，若采用则需对相应洞段进行固结灌浆加固。

2.2.3　双护盾 TBM

2.2.3.1　双护盾 TBM 的优点

（1）与敞开式 TBM 相比，双护盾 TBM 具有较好的安全性。

（2）与敞开式 TBM 相比，双护盾 TBM 可采用辅助推进油缸顶推已安装管片提供推进反力，其推进不受围岩条件限制，在软岩洞段仍可掘进。

（3）与单护盾 TBM 相比，双护盾 TBM 既设有推进系统也设有辅助推进系统，掘进和管片安装可同时进行，掘进速度相对较高。

2.2.3.2　双护盾 TBM 的缺点

（1）与敞开式和单护盾 TBM 相比，双护盾 TBM 盾体相对较长，护盾卡机概率相对较高且卡机处理相对困难。

（2）与单护盾 TBM 相比，双护盾 TBM 设有伸缩护盾、支撑系统、辅助推进油缸，主机价格较高。

（3）因双护盾 TBM 采用管片衬砌，不宜用于内水压力较高的输水隧洞的施工，若采用则需对相应洞段进行固结灌浆加固。

2.2.4　DSU-C

2.2.4.1　DSU-C 的优点

（1）与敞开式 TBM 相比，DSU-C 可由辅助推进油缸向后顶推钢管片提供推进力，不受围岩条件限制，在软岩段仍可掘进。

（2）与敞开式 TBM 相比，DSU-C 撑靴位于拱架安装器前方，拱架安装间距不受撑靴宽度限制，在一定程度上提高了支护效率。

（3）与护盾式 TBM 相比，DSU-C 既可采用护盾式模式掘进，又可以敞开式模式掘进，支护形式灵活，对地质条件适应性相对较强。

2.2.4.2　DSU-C 的缺点

（1）与敞开式 TBM 相比，DSU-C 盾体较长，护盾卡机概率相对较高且卡机处理相对困难。

（2）与敞开式 TBM 相比，DSU-C 钢拱架安装器位于指形护盾内（相当于双护盾 TBM 的尾盾位置），其一次支护时间相对滞后，在稳定性较差洞段掘进时易因支护不及时引起顶部掉块、局部坍塌等。

（3）与单护盾及双护盾式 TBM 相比，DSU-C 不配置管片安装器，钢管片需锚固后方可承载，启用辅助推进油缸以护盾模式掘进的程序复杂。

2.3　深埋长隧洞 TBM 主机选型原则

TBM 主机选型是深埋长隧洞施工组织设计的关键一环，必须慎之又慎。若所选 TBM 型式适合本工程地质条件，则项目可较顺利地进行，否则 TBM 将变成"特别慢"的代名词。TBM 选型应遵循以下原则：

（1）在进行 TBM 选型前，尽可能探明隧洞沿线工程地质及水文地质情况，尤其对隧洞主要地质风险应有清晰的判断，对宽大断层带的定位较为准确。

（2）以隧洞沿线普遍存在的主要地质条件作为选型的依据，而不应将局部洞段地质条件作为选型的依据。

（3）参与 TBM 选型的技术人员应与时俱进，摒弃不合时宜观念的约束，如 10 多年前曾普遍认为护盾式 TBM 只适用于非深埋隧洞的施工，但法国 Frejus Safety Gallery 工程采用直径 9.46 m 单护盾 TBM 于 2014 年顺利完成了最大埋深 1 800 m 隧洞的施工；伊朗某项目采用 6.73 m 双护盾 TBM 顺利完成了最大埋深 1 200 m 隧洞的施工。可见，通过针对性设计护盾式 TBM 也可用于深埋隧洞的施工。

（4）要有"定制"的理念。TBM 为非标设备，应针对工程地质条件和需要"定制"TBM。

（5）依据隧洞沿线主要地质风险进行 TBM 选型，并对其扩挖能力、防卡机能力和脱困能力提出有针对性的设计。

2.4　深埋长隧洞 TBM 主机选型

2.4.1　根据隧洞运行条件、隧洞结构选型

2.4.1.1　有压隧洞

当隧洞为输水隧洞，且最大内水压力较大（以 0.6 MPa 作为参考值）时，不宜采用护盾式 TBM 掘进、预制混凝土管片衬砌，经比较仍需采用时宜对相应部位进行固结灌浆处理。

2.4.1.2　不衬砌隧洞

当隧洞仅锚喷支护，不进行二次混凝土衬砌时，不可采用单护盾 TBM，不宜采用双护盾式 TBM。

2.4.2　根据隧洞沿线地质条件选型

非深埋隧洞较早时曾以Ⅱ、Ⅲ类围岩占比是否达到 85%（本处提及的围岩占比均指剔除采用钻爆法施工洞段以后的比例）作为 TBM 选型依据，鉴于敞开式 TBM 已普遍采用了 McNally 设计，其对Ⅳ类围岩的适应性有所提高，本书建议将此比例降为 80%。与非深埋隧洞不同，深埋隧洞的Ⅱ类围岩洞段并非就是地质条件良好的洞段，反而可能是岩爆灾害频发的洞段，因此即使在Ⅱ类围岩洞段，也可能需要进行钢拱架支护，在此情况下，支护的安全性和施工进尺均会降低。因此，在深埋长隧洞中，不可仅以Ⅱ、Ⅲ类围岩占比达到 80% 以上作为选型依据，而应根据下列不同情况酌情选择。与深埋长隧洞 TBM 选型关系密切的主要地质风险是岩爆和软弱围岩大变形，将此两种地质风险与围岩分类综合考虑进行深埋长隧洞 TBM 主机选型更为合理。

（1）当隧洞Ⅱ、Ⅲ类围岩占比达 80% 以上、隧洞围岩以硬岩为主、隧洞沿线主要地质风险为中等以上岩爆时，建议采用双护盾 TBM。

（2）当隧洞Ⅱ、Ⅲ类围岩占比达 80% 以上，隧洞围岩以中硬岩为主，隧洞沿线主要地质风险为围岩大变形时，建议采用敞开式 TBM 或单护盾 TBM。若采用敞开式 TBM 满足施工进度要求，建议采用敞开式 TBM；否则采用单护盾 TBM，并将其护盾缩短。

（3）当隧洞Ⅱ、Ⅲ类围岩占比达 80% 以上，隧洞围岩软、硬相间，隧洞沿线主要

地质风险为岩爆和围岩大变形时，建议采用单护盾 TBM，并将其护盾缩短。

（4）当隧洞 Ⅱ、Ⅲ 类围岩占比在 80% 以下，隧洞围岩以硬岩为主，隧洞沿线主要地质风险为中等以上岩爆时，建议采用护盾式 TBM。

（5）当隧洞 Ⅱ、Ⅲ 类围岩占比在 80% 以下，隧洞围岩以中硬岩为主，隧洞沿线主要地质风险为围岩大变形时，建议采用单护盾 TBM，并将其护盾缩短。

（6）当隧洞 Ⅱ、Ⅲ 类围岩占比在 80% 以下，隧洞围岩软、硬相间，隧洞沿线主要地质风险为岩爆和围岩大变形时，建议采用单护盾 TBM，并将其护盾缩短。

2.4.3 TBM 主要参数确定

2.4.3.1 刀盘扭矩

1. 平均刀间距

隧洞围岩岩性、单轴抗压强度等指标不同，其平均刀间距一般也不同，将其设为 λ。

2. 等效滚刀数

安装于刀盘上的滚刀，并不都与掘进方向一致（垂直于刀盘盘面），有些滚刀与掘进方向成一定角度，设第 i 把滚刀与掘进方向的夹角为 α_i，则等效滚刀数量按下式计算：

$$N_e = \sum_i^N \cos\alpha_i \qquad (2\text{-}1)$$

式中 N_e——等效滚刀数，把，一刃即为一把；

α_i——第 i 把滚刀的安装平面与掘进方向的夹角（°）；

N——滚刀总数，把，$N = D/(2\lambda)$，D 为刀盘直径，单位为 mm，λ 为平均刀间距，单位为 mm。

当无滚刀具体设计倾角时，N_e 可取为 $0.9N$。

3. 正常掘进所需最小刀盘扭矩

正常掘进所需最小刀盘扭矩按下式计算：

$$T_a = 0.3 D f F_c \qquad (2\text{-}2)$$

式中 T_a——正常掘进所需最小刀盘扭矩，kN·m；

D——刀盘直径，m；

f——滚刀滚动阻力系数，取 0.12；

F_c——滚刀总推力，kN，其值等于有效滚刀数与每把滚刀允许承载力 F_b 之积，即 $F_c = N_e F_b$。

4. 脱困扭矩

1）基本参数

为不失一般性，采用双护盾 TBM 进行计算，当机型为敞开式时，则以敞开式护盾的长度取代"前盾+刀盘外露部分长度"中的前盾长度；当机型为单护盾时，则以单护盾 TBM 的护盾长度取代"前盾+刀盘外露部分长度"中的前盾长度，W_s 则为护盾范围内的主机重量。

主要基本参数如下：

（1）刀盘出露部分的长度 l（m）；

（2）前盾+刀盘外露部分长度 L（m）；

（3）前盾+刀盘外露部分长度范围内总重量 W_s（kN）；

（4）塌方岩石比重 γ（kN/m^3）；

（5）松散岩体的内摩擦角（°）；

（6）岩-钢摩擦系数，取 0.3；

（7）侧压系数 $K=(1-\sin\varphi)/(1+\sin\varphi)$；

（8）塌方松散物高度 H（m），未经实测时，根据经验取 $0.57D$（D 为刀盘直径）；若经实测则以实测值为准。

2）刀盘各部分的压强

根据刀盘压力计算简图（见图 2-5），可计算各部分压强。

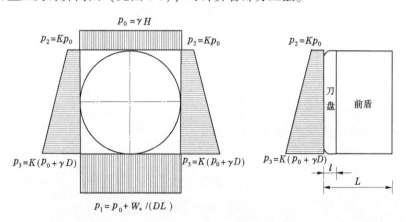

图 2-5　刀盘受围岩压力计算简图

刀盘顶部压强按下式计算：

$$p_0 = \gamma H \tag{2-3}$$

式中　p_0——刀盘顶部压强，kPa。

刀盘底部压强按下式计算：

$$p_1 = p_0 + W_s/(DL) \tag{2-4}$$

式中　p_1——刀盘底部压强，kPa。

刀盘侧顶部压强按下式计算：

$$p_2 = Kp_0 \qquad\qquad (2\text{-}5)$$

式中　p_2——刀盘侧顶部压强，kPa。

刀盘侧底部压强按下式计算：

$$p_3 = K(p_0 + \gamma D) \qquad\qquad (2\text{-}6)$$

式中　p_3——刀盘侧底部压强，kPa。

3）刀盘正面扭矩

若把角度为 θ 处一个微单元的面积表示为 $r(\mathrm{d}\theta \cdot \mathrm{d}r)$，则该处的正面压强可表示为

$$p_2 + \left(\frac{p_3 - p_2}{2} - \frac{p_3 - p_2}{D} r\sin\theta\right) \qquad\qquad (2\text{-}7)$$

则刀盘正面扭矩可按下式计算：

$$T_f = \int_0^r \int_0^{2\pi} \mu r\left(p_2 + \left(\frac{p_3 - p_2}{2} - \frac{p_3 - p_2}{D} r\sin\theta\right)\right) r\mathrm{d}\theta \mathrm{d}r \qquad (2\text{-}8)$$

式中　T_f——刀盘正面扭矩，kN·m；

　　　μ——岩-钢的摩擦系数；

　　　r——微单元所在圆周的半径，m。

积分得：

$$T_f = \frac{\mu\pi D^3(p_2 + p_3)}{24} \qquad\qquad (2\text{-}9)$$

4）刀盘周边扭矩

因刀盘周边任一微单元所在圆周半径相同，可采用周边平均压强计算微单元的压力。

$$T_c = \int_0^{2\pi} \mu \frac{D}{2}\left(\frac{p_0 + p_1 + p_2 + p_3}{4}\right) \frac{lD}{2}\mathrm{d}\theta \qquad (2\text{-}10)$$

式中　T_c——刀盘周边扭矩，kN·m。

积分得：

$$T_c = \mu\pi D^2 l \frac{(p_0 + p_1 + p_2 + p_3)}{8} \qquad\qquad (2\text{-}11)$$

5）脱困扭矩

脱困扭矩等于刀盘正面扭矩、刀盘周边扭矩与正常掘进扭矩之和，即

$$T_b = T_a + T_f + T_c \qquad\qquad (2\text{-}12)$$

2.4.3.2　驱动功率

驱动功率按下式计算：

$$P = \frac{T_a \omega}{\eta} \qquad\qquad (2\text{-}13)$$

式中　P——驱动功率，kW；

ω——额定功率时刀盘的最大角速度，ral；

η——传动效率，一般取 0.9~0.95。

2.4.3.3　推进油缸总推力

1. 计算公式

推进油缸不仅需克服滚刀阻力，还需克服刀盘及前盾因自重产生的与洞壁的摩擦力，在不良地质洞段掘进时，还需克服松散围岩重力作用于刀盘和前盾的压力产生的摩擦力，即

$$F_t = F_c + F_w + F_p \tag{2-14}$$

式中　F_t——主推进油缸推力，kN；

F_c——滚刀总推力，kN；

F_w——刀盘及前盾因重力产生的摩擦力，kN；

F_p——因松散围岩压力产生的摩擦力，kN。

2. 推力计算

F_c 按下式计算：

$$F_c = N_e F_b \tag{2-15}$$

式中　N_e——等效滚刀数，把；

F_b——每把滚刀额定承载力，kN。

F_w 按下式计算：

$$F_w = \mu W_s \tag{2-16}$$

式中　μ——岩-钢摩擦系数；

W_s——刀盘及前盾范围的主机重量，kN。

F_p 按下式计算：

$$F_p = \mu(p_0 + p_1 + p_2 + p_3)DL \tag{2-17}$$

式中符号意义同刀盘受围岩压力计算简图。

2.4.3.4　TBM 总功率

除主机外，TBM 还装有液压泵站、二次风机、除尘机等用电设备，其功率随 TBM 机型及隧洞特性各异，根据统计数据，其总功率可按刀盘驱动电机功率的 25% 计算，则 TBM 总功率可按刀盘驱动电机功率的 1.25 倍计算。

2.4.4　TBM 的针对性设计

作为 TBM 选型的较深层次，还可对 TBM 进行以下针对性设计：

(1) 对于各类型 TBM，均可采用浮动式刀盘设计，增大 TBM 扩挖能力。

(2) 对于敞开式 TBM，可增大护盾变径范围，减小护盾卡机概率。

(3) 对于单护盾 TBM，可大幅缩短护盾长度，减小护盾卡机概率。

(4) 对护盾式 TBM，护盾可采用倒锥形设计，为护盾预留足够的变形空间，减小

护盾卡机概率，同时减小管片承受的围岩变形压力。

　　主要地质风险不明确的隧洞，以Ⅱ、Ⅲ类围岩比例作为选型依据，主要地质风险为岩爆或围岩大变形时，可参考表 2-1 进行 TBM 的选型。

表 2-1　深埋长隧洞 TBM 主机选型汇总

Ⅱ～Ⅲ类围岩比例	围岩坚硬程度	主要地质风险		TBM 选型	TBM 针对性设计
		岩爆	围岩大变形		
≥80%	硬	√		双护盾	倒锥形
≥80%	中硬		√	敞开式、DSU-C	浮动式刀盘、敞开式 TBM 大变径护盾
				单护盾	短护盾、倒锥形、浮动式刀盘
≥80%	软、硬相间	√	√	单护盾	短护盾、倒锥形、浮动式刀盘
<80%	硬	√		双护盾	倒锥形、浮动式刀盘
				单护盾	短护盾、倒锥形、浮动式刀盘
<80%	中硬		√	单护盾	短护盾、倒锥形、浮动式刀盘
<80%	软、硬相间	√	√	单护盾	短护盾、倒锥形、浮动式刀盘

2.5　在研 TBM 机型介绍

2.5.1　敞开式 TBM+辅助推进油缸

　　敞开式 TBM+辅助推进油缸为日本某公司的概念机型，其主机构造见图 2-6。其主要特征是在敞开式 TBM 护盾内设有一组辅助推进油缸和多功能拼装机，其中辅助推进油缸可向后顶推已拼装并被锚固的钢管片端面提供掘进推进反力，多功能拼装机既可拼装钢拱架，又可拼装钢管片。在岩石条件较好时，TBM 以敞开模式掘进；当隧洞围岩强度低或破碎，以致撑靴无法支撑洞壁提供推进反力时，则采用多功能拼装机安装钢管片，辅助推进油缸顶推已锚固的钢管片提供推进反力（见图 2-6）。

2.5.2　超短单护盾 TBM

　　编者曾参与多个深埋长隧洞 TBM 的选型，在工作过程中，深感现有 TBM 机型适应深埋长隧洞复杂地质条件局限性，选型过程或左右为难，或顾此失彼。在进行某调水工

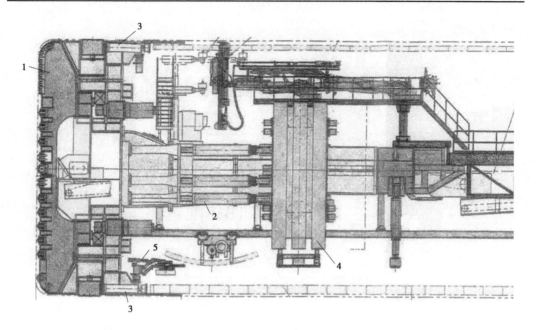

1—刀盘；2—推进油缸；3—辅助推进油缸；4—双槽撑靴；5—多功能拼装机

图 2-6 敞开式 TBM+辅助推进油缸主机剖视图

程 1# 隧洞 TBM 选型时，更是感到无所适从。该洞全长 99.55 km，最大埋深 2 120 m，埋深大于 600 m 的洞段长 89.5 km，占全洞长的 90.0%；Ⅳ、Ⅴ 类围岩占全洞的 50% 以上；隧洞沿线地下水丰富；沿线地层岩性主要为志留系千枚岩、板岩、砂岩和三叠系、二叠系、石炭系、泥盆系砂岩和灰岩，以及白垩系的砂岩、砾岩和泥岩等，沿线地质构造发育。对于此种工程地质及水文地质条件，以及如此高的 Ⅳ、Ⅴ 类围岩比例，敞开式 TBM 已完全不适用，只宜采用护盾式 TBM。对影响 TBM 选型的主要地质风险进行分析后，判定主要地质风险为围岩大变形，故采用护盾式 TBM 又可能面临着频繁卡机的难题。由此可见，深埋长隧洞施工迫切需要一种能较好适应软弱围岩的掘进，同时主机又很短的机型。通过对各型 TBM 结构及施工工艺的分析，编者认为单护盾 TBM 的护盾长度有大幅缩短的空间，故结合该调水工程的需要提出"超短单护盾"这一概念，已经国内大型 TBM 制造厂商采用三维设计验证可行。鉴于超短单护盾属首创，尚未应用于实际工程，故不做详细介绍，其与普通单护盾 TBM 最大的区别在于其主机总长度可降至 7.5 m 以内，因其主机长度与敞开式 TBM 机头长度已较为接近，因此其防卡机能力与敞开式 TBM 相差不大，且具备快速通过软弱地层的能力，编者认为该机型是深埋长隧洞 TBM 施工较有潜力的机型。

第 3 章　深埋长隧洞 TBM 配置

3.1　敞开式 TBM 配置

3.1.1　TBM 主机系统

3.1.1.1　基本要求

如前所述，敞开式 TBM 一般用于岩石条件较好的完整硬岩隧洞的掘进，但在深埋隧洞中，因地应力较高，完整硬岩被揭露时可能发生应力的突然释放，即岩爆。若在 TBM 选型过程中，两害相权取其轻后仍选用了敞开式 TBM，则应着重注重其防岩爆能力。

鉴于深埋长隧洞地质条件的复杂性，应用于深埋长隧洞的敞开式 TBM 还应具备以下性能：

（1）TBM 应是全新的、大功率、大扭矩硬岩掘进机。

（2）正常情况下，TBM 可掘进 20 km 不需进行大修。

（3）L1 区、L2 区均应配置 2 台锚杆钻机。

（4）L1 区应配置应急喷混凝土系统；L2 区应配置系统喷混凝土系统。

（5）L1 区应配置超前钻机。

（6）护盾可实现钢筋排支护（McNally）。

（7）至少配置有 2 套物探设备，相互印证。

（8）应有高压突涌水、强岩爆防护措施。

3.1.1.2　整机

（1）TBM 最小转弯半径不大于 500 m。

（2）长距离扩挖能力不小于 100 mm（直径）。

（3）换步时间≤5 min。

（4）掘进循环行程≥1.8 m。

3.1.1.3　刀盘和刀具

1. 刀盘材料

刀盘已实现国产化，一般采用 Q345C 以上钢材；刀盘耐磨板一般采用 Hardox400 或其以上性能产品。

2. 刀盘分块

视刀盘直径大小，可分为 1 块、2 块或 1 个中心块+4 个边块等。

3. 刀盘旋转

刀盘可双向旋转，单向出渣。

4. 刀盘人孔

刀盘上至少设一个人孔，其直径不小于 600 mm。

5. 刀盘扩挖能力

刀盘具有长距离扩挖能力，可将直径扩挖 100 mm 以上，隧洞存在围岩大变形风险时，扩挖能力应适当加大。

6. 滚刀尺寸及安装方式

建议开挖直径 7 m 以下（含 7 m）TBM 采用直径 432 mm 滚刀；开挖直径 7 m 以上 TBM 采用直径不小于 483 mm 滚刀。所有滚刀均为背装式。

7. 刀盘铲斗

铲斗和渣槽应能满足最大掘进速度时出渣能力的需要，铲斗允许通过粒径不超过 250 mm。

3.1.1.4　刀盘护盾

1. 刀盘护盾直径

刀盘护盾直径可调，调节范围应满足最大扩挖量的要求，一般不低于 100 mm（半径）；在收敛变形地层，应适当加大护盾变径范围。如巴基斯坦 N−J 水电站引水隧洞工程敞开式 TBM，其设计开挖直径为 8.53 m，护盾最大直径为 8.63 m，护盾最小直径为 8.23 m，变径范围达 0.4 m。

2. 刀盘护盾材质及厚度

刀盘护盾已国产化，采用性能不低于 Q345B 钢材；护盾厚度一般不小于 50 mm。

3.1.1.5　驱动系统

1. 驱动电机及减速机

驱动系统采用变频电机；电机及减速机均应有足够的过载保护能力；驱动电机保护等级 IP67，绝缘级别为 H。

2. 转速

最大转速时最外一把边刀线速度控制在 150 m/min 左右，一般不超过其 20%。

3. 转动方向

具有反转功能，反转最大脱困扭矩应达到最大额定扭矩的 1.5 倍以上。

4. 点动功能

刀盘驱动具有点动功能，点动控制面板设在护盾内，并与主控室安全联锁，防止主控室内启动刀盘。

3.1.1.6　主轴承及主密封

1. 主轴承设计寿命

深埋长隧洞 TBM 主轴承设计寿命一般不低于 20 000 h，在正常情况下可掘进 20 km 不需进行大修。

2. 备用主密封

深埋长隧洞水文地质条件复杂，可能发生高压水流击损主密封情况，因此宜在施工现场仓库备用一套主密封，以备不时之需。

3.1.1.7　支撑系统

1. 主梁材质

主梁采用性能不低于 Q345B 的钢材。

2. 撑靴接地比压

TBM 正常掘进时的撑靴最大接地比压不宜大于 3 MPa，以便其在软弱围岩洞段可正常工作。

3. 撑靴拱架槽数量

深埋长隧洞 TBM 宜采用双槽撑靴，以适应较小的设计拱架间距（如 50 cm）。

3.1.1.8　推进系统

1. 最大行程

推进系统行程一般不低于 1.8 m。

2. 最大推进速度

最大推进速度一般应达到 120 mm/min。

3.1.1.9　液压系统

1. 数据显示

液压系统的温度和压力数据可在主控室显示。

2. 过滤精度

主油箱过滤精度值不超过 20 μm，进入控制阀前过滤精度值不超过 6 μm。

3.1.1.10　润滑系统

1. 数据显示

润滑系统的温度和压力数据可在主控室显示。

2. 操作方式

主要润滑系统采用自动、半自动机械式集中润滑。

3.1.1.11　电气设备

1. 初级电压

采用 20 kV 初级电压。

2. 变压器

采用干式变压器,保护等级不低于 IP55。

3. 功率补偿

电气系统具有动态功率补偿功能,功率因素 $\cos\varphi \geqslant 0.90$。

4. 启动方式

30 kW 以上电机采用软启动方式。

5. 电缆卷筒容量

高压电缆卷筒有效容量一般不低于 300 m。

3.1.1.12　主机胶带输送机系统

1. 驱动电机

胶带输送机采用变频电机驱动。

2. 胶带类型

采用钢丝胶带。

3.1.1.13　钢拱架安装器及运输小车

1. 钢拱架安装器

钢拱架安装器采用液压驱动,工作范围为 360°。

2. 运输小车

运输小车可沿隧洞轴向移动的最大距离不小于 5 m。

3.1.1.14　锚杆钻机及超前钻机

1. 锚杆钻机

L1 区配置 2 台锚杆钻机,两台钻机独立运行,钻机最大钻孔直径不小于 50 mm,单杆钻深以不接杆为宜,钻孔范围不小于上部 270°。锚杆钻机纵向行驶距离不小于 3 m。

2. 超前钻机

用于深埋长隧洞的 TBM 应配置至少一台超前钻机,超前钻机应既可钻设水平孔,也可钻设伞状超前钻孔,钻设水平孔范围不小于顶部 60°,钻设伞状孔范围不小于上部 270°。超前钻孔直径不小于 76 mm,应具备取芯功能,取芯直径不小于 50 mm,一次取芯长度不小于 100 mm。

敞开式 TBM 超前钻机用于钻设水平钻孔时，钻机应配备钻具打捞装置，以防钻杆断杆难以处理；超前钻机钻设伞状钻孔时，理论上可通过其可拆卸轨道实现 360°钻孔，但从实践经验来看，敞开式 TBM 确实难以形成全环封闭超前灌浆，但仍应具备超前灌浆功能。

3.1.1.15　L1 区喷混凝土设备

L1 区应配置应急喷混凝土设备，其工作范围宜不小于顶拱 270°，纵向移动距离不小于 3 m，可用于喷射钢纤维混凝土，最大骨料粒径不小于 15 mm。

3.1.1.16　除尘系统

宜采用干式除尘，除尘风机功率及风量根据工作环境需要确定。

3.1.1.17　工业电视监视系统

1. 监视位置

监视系统应能对撑靴、胶带输送机转渣处、主机底部作业区进行监视。

2. 摄像头数量

系统应至少配置 4 个以上摄像头和 1 个显示器。

3.1.1.18　控制系统、数据采集系统

1. 控制系统

控制系统能够实现手动和自动两种操作方式，应有故障诊断、显示和报警功能。控制系统应预留其他数据设备的接口，如物探设备接口。

2. 数据采集系统

数据采集系统能自动收集、记录机械操作的关键数据，具有远程传输功能。能够显示主要掘进参数和各系统工作参数。

3.1.1.19　导向系统

采用激光导向系统，其测量精度不低于 2″，激光有效工作距离不小于 200 m。

3.1.1.20　安全控制、消防系统

1. 安全控制系统

主机及各总成应有监控、自锁及连锁保护功能。

2. 消防系统

TBM 应配置分布式消防系统，覆盖所有可能的火情发生点。

3.1.1.21　有害气体监测系统

深埋长隧洞穿越的地层一般较为复杂，TBM 应配置较为完备的有害气体监测系统，能对 O_2、CH_4、CO、CO_2、NO、NO_2、SO_2、H_2S 的含量进行实时监测，并在 O_2 含量不足或有害气体含量超标时发出警报。

3.1.1.22　物探系统

1. 岩爆监测系统

岩爆是深埋长隧洞敞开式 TBM 施工的主要地质灾害之一，深埋长隧洞采用敞开式 TBM 施工时应配置岩爆监测系统。

在当前技术水平下，对岩爆实现精准的预判仍有相当的难度，相对而言，微震监测系统通过对掘进前方微震事件的监测预测岩爆的方法较为准确。微震事件是伴随着突然发生的弹性形变的低能量声发射事件，在弹性形变过程中，岩体的弹性势能得到释放。岩体的微震信号有其自身特征，微震监测系统的功能就是通过微震监测获得微震事件波形信号并对其进行分析总结，以获得岩体损伤、破坏前兆，以对岩体稳定性做出预判和预警。

2. 超前探水系统

TBM 顺坡掘进、逆坡排水工况下工作时，地下水的活动对 TBM 的安全生产有较大影响，在此种情况下，应配置超前探水系统。

在当前技术水平下，精准探测出掌子面前方地下水的分布情况仍有相当的难度，相对而言，激发极化法探水较为准确。激发极化法超前探水是利用 TBM 掌子面附近的钻孔，把测量探头从孔口慢慢推到孔底，探测仪器利用电导率法和激发极化法同时进行探测，即可对钻孔周围和孔底 20~30 m 范围内地下水状况进行探测和预报，实现全方位超前探水。

3. 其他物探设备

深埋长隧洞 TBM 还应配备至少一种其他物探设备，以便对掌子面前方软弱破碎带、岩溶等不良地质条件进行超前探测，可采用 TST、TRT 等物探设备。TBM 物探设备应采用非爆破震源。

3.1.2　后配套系统

3.1.2.1　基本要求

深埋长隧洞 TBM 后配套系统应有良好的通过能力，在预测的围岩最大变形量发生时也可顺利通过大变形洞段。

3.1.2.2　L2 锚杆钻机

L2 区应配置 2 台锚杆钻机，2 台钻机独立运行，钻机最大钻孔直径不小于 50 mm，单杆钻深以不接杆为宜，钻孔范围不小于上部 270°（中小断面隧洞不小于 240°）。锚杆钻机纵向行驶距离不小于 3 m。

3.1.2.3　L2 混凝土喷射系统

后配套 L2 区应配置至少 1 台全自动喷混凝土设备，其泵送系统可同时为 L1 区和 L2 区喷射设备提供混凝土。其工作范围不宜小于上部 270°（中小断面隧洞不小于 240°），纵向移动距离不宜小于 6 m，可用于喷射钢纤维混凝土，允许通过的最大骨料粒径不小于 15 mm。

3.1.2.4　应急发电机

应急发电机功率应满足 TBM 施工排水和二次通风要求。

3.1.2.5　压缩空气系统

后配套内配置的压缩空气系统的生产能力应满足整个设备系统所需的压缩空气并留有足够余量；压缩空气系统配备储气罐。

3.1.2.6　供水系统

水管卷筒储存容量不低于 60 m。

3.1.2.7　排水系统

TBM 顺坡掘进逆坡排水时，其排水系统能力应按最大一段涌水量的 2 倍以上配置；TBM 逆坡掘进顺坡排水时，仍应配置排水设备，其排水能力可适当减小。

3.1.2.8　通信系统

后配套内同时配置有线和移动电话系统；配备数据、图像实时传输光纤系统。

3.1.2.9　救生舱

后配套内配置 2 个以上救生舱，舱内可容纳主机及后配套范围内所有工作人员，并备有可供其生存 24 h 所需的氧气、水和食物。

3.1.2.10　二次通风系统

深埋长隧洞内一般地温较高，宜为二次通风系统配置冷气机。

3.1.2.11　后配套胶带输送机系统

后配套胶带输送机采用变频电机驱动；胶带采用钢丝带。

3.2　单护盾 TBM 配置

3.2.1　TBM 主机系统

3.2.1.1　基本要求

选用单护盾 TBM 的工程，其隧洞地质条件一般较为复杂，若采用常规单护盾掘进机，其与双护盾 TBM 主机长度并无太大差别，在围岩大变形的优势并不明显。本书着重讨论超短单护盾的配置，尽管超短单护盾 TBM 尚无实际工程案例，但因其仅通过优化空间布置实现主机的缩短，并未采用未经实践的新技术，因此只要设备运行在空间上无碰撞即可证明设计可行，该机型已经三维设计验证无碰撞，故超短单护盾技术可行。

鉴于深埋长隧洞地质条件的复杂性，应用于深埋长隧洞的超短单护盾 TBM 应具备以下性能：

（1）TBM 应是全新的、大功率、大扭矩硬岩掘进机。

（2）正常情况下，TBM 可掘进 20 km 不需进行大修。

（3）护盾应为台阶式设计。

（4）刀盘有较大扩挖能力。

（5）配置至少 2 套以上物探设备，相互印证。

3.2.1.2　整机

（1）TBM 最小转弯半径不大于 500 m。

（2）长距离扩挖能力不小于 200 mm（直径）。

（3）掘进循环长度（管片宽度），根据隧洞直径确定，当隧洞开挖直径大于 6 m 时，管片宽度≥1.6 m。

3.2.1.3　刀盘和刀具

参照敞开式 TBM 配置。

3.2.1.4　护盾

1. 护盾直径

单护盾 TBM 的护盾由前盾、中盾和尾盾组成，其直径逐渐减小，即成倒锥形或台阶形布置，减小幅度视隧洞埋深和预测围岩变形量确定。

法国 Frejus Safety Gallery 工程，隧道总长 12 875 m，最小埋深 700 m，最大埋深 1 800 m。采用一台开挖直径 9.46 m 的单护盾施工。为了应对围岩变形，盾体采用了倒锥形设计（从前盾到尾盾的直径分别为 9 370 mm、9 350 mm、9 330 mm 和 9 310 mm。管片的外径是 9 000 mm），刀盘至尾盾缩径大小依次为 90 mm、20 mm、20 mm 和 20 mm，TBM 开挖直径比管片外径大 460 mm。

2. 护盾长度

在深埋长隧洞工程中，为了使 TBM 获得较好的通过性能，应将护盾长度尽量缩短。主要通过两个途径缩短护盾长度，其一是缩短单次推进距离（采用六边形管片时），其二是改变油缸的空间布置。通过上述改进，可将单护盾主机长度缩短至 7.5 m 以内，较普通单护盾主机长度短 3 m 以上，这一长度与敞开式 TBM 主机长度已大为接近，将有效地改善其通过性能。

3. 护盾预留导孔

护盾上至少设置一环直径不小于 100 mm 的预留导孔，以便实施超前灌浆，每环预留孔数量视隧洞开挖直径而定，其间距应保证浆液扩散后形成足够厚度的封闭帷幕圈。深埋长隧洞阻水及加固宜采用化学灌浆，以增大浆液扩散半径。

4. 刀盘护盾材质及厚度

参照敞开式 TBM 配置。

3.2.1.5　驱动系统

参照敞开式 TBM 配置。

3.2.1.6　主轴承及主密封

参照敞开式 TBM 配置。

3.2.1.7　推进系统

单护盾的推进系统由多组成对油缸组成，油缸行程视管片型式、宽度和推进模式确定。为了尽量减小护盾长度，当采用四边形管片时，油缸行程可取宽片宽度+200 mm，此时可一次推进一个管片宽度；当采用六边形管片时，油缸行程仍取宽片宽度+200 mm，此时每次只可推进半个管片宽度，即一个管片宽度分 2 次推进，因推进油缸回缩速度快，分次推进对掘进速度影响较小。

3.2.1.8　液压系统

液压系统参照敞开式 TBM 配置。

3.2.1.9　润滑系统

润滑系统参照敞开式 TBM 配置。

3.2.1.10　电气设备

电气系统参照敞开式 TBM 配置。

3.2.1.11　主机带式输送机系统

主机带式输送机系统参照敞开式 TBM 配置。

3.2.1.12　超前钻机

用于深埋长隧洞的单护盾 TBM 应配置至少一台超前钻机，超前钻机应既可钻设水平孔，也可钻设伞状超前钻孔。超前钻孔直径不小于 76 mm，钻机应具备取芯功能，取芯直径不小于 50 mm，一次取芯长度不小于 100 mm。

单护盾 TBM 超前钻机用于水平钻孔时，宜采用跟管钻机钻孔，且跟管宜采用便于 TBM 刀具切割的玻璃纤维管材（或玄武岩管材），钻机应配备钻具打捞装置，以防钻杆断杆难以处理；超前钻机配备独立运行的轨道，也可利用管片安装机的旋转机构，实施环向 360°钻孔。

3.2.1.13　除尘系统

除尘系统参照敞开式 TBM 配置。

3.2.1.14　工业电视监视系统

1. 监视位置

监视系统应能对管片安装机、胶带输送机转渣处等区域进行监视。

2. 摄像头数量

监视系统应至少配置 4 个以上摄像头和 1 个显示器。

3.2.1.15　控制系统、数据采集系统

控制系统、数据采集系统参照敞开式 TBM 配置。

3.2.1.16　导向系统

导向系统参照敞开式 TBM 配置。

3.2.1.17　安全控制、消防系统

安全控制、消防系统参照敞开式 TBM 配置。

3.2.1.18　有害气体监测系统

有害气体监测系统参照敞开式 TBM 配置。

3.2.1.19　物探系统

物探系统参照敞开式 TBM 配置。

3.2.2　后配套系统

3.2.2.1　基本要求

深埋长隧洞 TBM 的后配套系统应有良好的通过能力，在预测的围岩最大变形量发生时可顺利通过。

3.2.2.2　豆砾石充填系统

豆砾石充填系统配置豆砾石进料系统、豆砾石泵。

3.2.2.3　豆砾石灌浆系统

豆砾石灌浆系统配置水泥拆包机（采用袋装水泥时）、浆液搅拌机。

3.2.2.4　应急发电机

应急发电机参照敞开式 TBM 配置。

3.2.2.5　压缩空气系统

压缩空气系统参照敞开式 TBM 配置。

3.2.2.6　供水系统

供水系统参照敞开式 TBM 配置。

3.2.2.7　排水系统

排水系统参照敞开式 TBM 配置。

3.2.2.8　通信系统

通信系统参照敞开式 TBM 配置。

3.2.2.9　救生舱

救生舱参照敞开式 TBM 配置。

3.2.2.10　二次通风系统

二次通风系统参照敞开式 TBM 配置。

3.2.2.11　后配套胶带输送机系统

后配套胶带输送机系统参照敞开式 TBM 配置。

3.3　双护盾 TBM 配置

3.3.1　主机系统

3.3.1.1　**基本要求**

双护盾 TBM 用于深埋长隧洞工程，设备的配置宜主要针对应对软岩大变形的能力，因双护盾 TBM 既设有推进油缸，又设有辅助推进油缸，其主机长度难以缩短，或缩短余地非常有限。本书针对普通长度双护盾 TBM 讨论其配置。

鉴于深埋长隧洞地质条件的复杂性，应用于深埋长隧洞的双护盾 TBM 应具备以下性能：

（1）TBM 应是全新的、大功率、大扭矩硬岩掘进机。

（2）正常情况下，TBM 可掘进 20 km 不需进行大修。

（3）护盾应为台阶式设计。

（4）宜采用浮动刀盘设计，以增大其扩挖能力。

（5）配置至少 2 套物探设备，相互印证。

3.3.1.2　**整机**

（1）TBM 最小转弯半径不大于 500 m。

（2）长距离扩挖能力不小于 200 mm（直径）。

（3）掘进循环行程（管片宽度）根据隧洞直径确定，当隧洞开挖直径大于 6 m 时，管片宽度≥1.6 m。

3.3.1.3　**刀盘和刀具**

参照敞开式 TBM 配置。

3.3.1.4　**护盾**

1. 护盾直径

双护盾 TBM 的护盾由前盾、伸缩护盾（含内外伸缩护盾）、支撑护盾和尾盾组成，其直径逐渐减小，即成倒锥形或台阶形布置，减小的幅度视隧洞埋深和预测围岩变形量确定。

Abdalajis 隧洞双护盾 TBM 正常掘进状态开挖直径 10.0 m，扩挖状态开挖直径 10.2 m，管片外径 9.7 m，环间隙 30~50 cm（见图 3-1）。

2. 护盾预留导孔

参照单护盾 TBM 配置，一般在支撑护盾和尾盾各布置一环预留导孔。

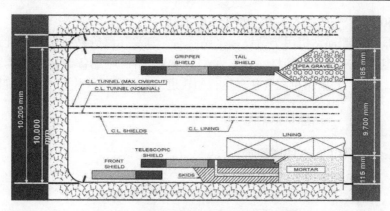

图 3-1 双护盾 TBM 护盾台阶布置示意图

3. 护盾材质及厚度

参照单护盾 TBM 配置。

3.3.1.5 驱动系统

参照敞开式 TBM 配置。

3.3.1.6 主轴承及主密封

参照敞开式 TBM 配置。

3.3.1.7 推进系统

双护盾 TBM 的推进系统由多个成对油缸组成,油缸行程可取管片宽度+200 mm,每次推进一个管片宽度。

3.3.1.8 辅助推进系统

辅助推进系统由多组成对油缸组成,油缸行程视管片型式、宽度和推进模式确定。当采用四边形管片时,油缸行程可取 2 倍宽片宽度+200 mm;当采用六边形管片时,油缸行程取 1.5 倍管片宽度+200 mm,每次推进一个管片宽度,分区交错推进。

3.3.1.9 液压系统

液压系统参照敞开式 TBM 配置。

3.3.1.10 润滑系统

润滑系统参照敞开式 TBM 配置。

3.3.1.11 电气系统

电气系统参照敞开式 TBM 配置。

3.3.1.12 主机带式输送机系统

主机带式输送机系统参照敞开式 TBM 配置。

3.3.1.13 超前钻机

用于深埋长隧洞的双护盾 TBM 应配置至少一台超前钻机,超前钻机应既可钻设水平孔,也可钻设伞状超前钻孔。超前钻孔直径不小于 76 mm,应具备取芯功能,取芯直径不小于 50 mm，一次取芯长度不小于 100 mm。

　　双护盾 TBM 超前钻机用于钻设水平钻孔时，宜采用跟管钻机钻孔，且跟管宜采用便于 TBM 切割的玻璃纤维管材（或玄武岩管材），钻机应配备钻具打捞装置，以防钻杆断杆难以处理；超前钻机配备独立运行的轨道，也可利用管片安装机的旋转机构，实施环向 360°钻孔。

3.3.1.14　除尘系统

　　除尘系统参照敞开式 TBM 配置。

3.3.1.15　工业电视监视系统

　　1. 监视位置

　　监视系统应能对管片安装机、胶带输送机转渣处等区进行监视。

　　2. 摄像头数量

　　监视系统应至少配置 4 个以上摄像头和 1 个显示器。

3.3.1.16　控制系统、数据采集系统

　　控制系统、数据采集系统参照敞开式 TBM 配置。

3.3.1.17　导向系统

　　导向系统参照敞开式 TBM 配置。

3.3.1.18　安全控制、消防系统

　　安全控制、消防系统参照敞开式 TBM 配置。

3.3.1.19　有害气体监测系统

　　有害气体监测系统参照敞开式 TBM 配置。

3.3.1.20　物探系统

　　物探系统参照敞开式 TBM 配置。

3.3.2　后配套系统

3.3.2.1　基本要求

　　用于深埋长隧洞的双护盾 TBM 的后配套系统应有良好的通过能力，在预测围岩最大变形量发生时可顺利通过。

3.3.2.2　豆砾石充填系统

　　豆砾石充填系统参照单护盾 TBM 配置。

3.3.2.3　豆砾石灌浆系统

　　豆砾石灌浆系统参照单护盾 TBM 配置。

3.3.2.4　应急发电机

　　应急发电机参照敞开式 TBM 配置。

3.3.2.5　压缩空气系统

压缩空气系统参照敞开式 TBM 配置。

3.3.2.6　供水系统

供水系统参照敞开式 TBM 配置。

3.3.2.7　排水系统

排水系统参照敞开式 TBM 配置。

3.3.2.8　通信系统

通信系统参照敞开式 TBM 配置。

3.3.2.9　救生舱

救生舱通信系统参照敞开式 TBM 配置。

3.3.2.10　二次通风系统

二次通风系统参照敞开式 TBM 配置。

3.3.2.11　后配套带式输送机系统

后配套输送系统参照敞开式 TBM 配置。

3.4　DSU-C 配置

DSU-C 适用于围岩软、硬相间隧洞的开挖，可以将其理解为双护盾掘进机与敞开式锚喷支护系统的复合机型，其主机为双护盾，既设有主推进油缸，也设有辅助推进油缸，不同之处在于，DSU-C 不配置管片安装机，将双护盾 TBM 的尾盾改为指形护盾。

DSU-C 的支护系统与敞开式 TBM 相同。因 DSU-C 的相应部位分别与双护盾 TBM 和敞开式 TBM 相同，不再一一介绍。

第 4 章　TBM 组装、步进(滑行)与始发

4.1　TBM 组装

4.1.1　TBM 组装方式

TBM 组装方式按组装位置可分为洞外组装、洞内组装;按组装主要起重机械,可分为门式起重机组装、桥式起重机组装,其中门式起重机既可用于洞外组装,也可用于洞内组装,桥式起重机只能用于洞内组装。

4.1.2　TBM 组装方式选择

TBM 组装方式根据其进入通道布置情况确定:

(1)当 TBM 自隧洞进/出口进入时,优先采用洞外组装,TBM 步进/滑行进洞的组装方式;洞外组装时以门式起重机为主要起重机械,汽车起重机为辅助起重机械。

(2)当 TBM 从已经贯通的支洞进入,而不进行支洞掘进时,优先采用洞内组装。洞内组装优先采用桥式起重机,当围岩条件相对较差,不宜设置岩壁吊车梁时,可采用钢结构吊车梁(如巴基斯坦 N-J 水电站引水隧洞)或采用门式起重机作为主要起重机械,汽车起重机作为辅助起重机械。

(3)当 TBM 掘进支洞或其部分洞段后进入主洞时,优先采用洞外组装、步进/滑行进洞的组装方式。

4.1.3　洞外组装

TBM 洞外组装又可采用两种组装方式:整机组装和分部组装。

自然洞口处有较开阔组装场地时采用整机组装(见图 4-1);自然洞口处场地狭小,无法实现整机组装时采用分部组装。

采用整机组装时,组装场地长度应大于整机长度;宽度应满足门式起重机轨道、运输车辆的交通道路布置要求。TBM 在洞外完成整机组装、调试后步进/滑行进洞。

采用分部组装时，需采用钻爆法在隧洞进/出口洞段开挖始发洞和不小于整机长度的步进/滑行洞，并在洞口布置组装平台，其宽度应满足大件摆放、门式起重机布置要求，不宜小于 30 m，长度不宜小于 50 m。TBM 主机和后配套依次在组装平台组装、依次步进或滑行进洞，直至完成整机组装。

洞外组装主要起重机械为门式起重机，辅以汽车起重机。用于主机组装的门式起重机应能完成刀盘、主驱动（不含驱动电机）的整体吊装。

图 4-1　TBM 洞外组装

4.1.4　洞内组装

4.1.4.1　组装方法

与洞外组装相同，TBM 洞内组装也可采用整机组装和分部组装两种方式，前者需采用钻爆法开挖组装洞室，其长度不小于主机长度；分部组装所需组装洞室长度较短，但需采用钻爆法预先开挖不小于主机长度的 TBM 步进/滑行洞。

采用整机组装时，主机组装洞室长度应大于主机长度，并考虑大件摆放区所需空间，通常与带式输送机的布置统筹考虑，一般不小于 80 m；后配套组装洞室长度不小于后配套长度。TBM 在组装场完成整机组装、调试后步进/滑行进洞。

采用分部组装时，需在 TBM 掘进方向前方采用钻爆法开挖始发洞和不小于整机长度的步进/滑行洞。TBM 主机和后配套依次在钻爆法开挖的组装洞室内组装、依次步进或滑行进洞，直至完成整机组装。

洞内组装主要起重机械为桥式起重机或门式起重机，辅以汽车起重机（见图 4-2）。用于主机组装的桥式起重机或门式起重机应能完成刀盘、主驱动（不含驱动电机）的整体吊装。

图 4-2　TBM 洞内组装（钢结构轨道梁）

4.1.4.2　组装洞室断面尺寸

1. 组装洞室宽度

1）桥式起重机组装

组装洞采用城门洞形，主机组装洞室宽度主要取决于 TBM 刀盘直径、吊装施工所需安全距离、人员通行等要求。

TBM 采用桥式起重机组装时，组装洞室底部最小净宽可按下式计算：

$$W_b = D + 2S_s \qquad\qquad (4-1)$$

式中　W_b——组装洞室底部宽度，m；

　　　　D——刀盘直径，m；

　　　　S_s——吊装施工安全距离，m，可取 0.8~1.0 m。

拱座处最小净宽可按下式计算：

$$W_a = L_c + 2S_e \qquad\qquad (4-2)$$

式中　W_a——拱座处最小净宽，m；

　　　　L_c——桥式起重机主梁长度，m；

　　　　S_e——桥式起重机主梁端头与洞壁的安全距离，m，可取 0.3~0.5 m。

2）门式起重机组装

TBM 采用门式起重机组装时，组装洞室最小宽度可按下式计算：

$$W = D + 4S_s + 2W_1 \qquad\qquad (4-3)$$

式中　W——组装洞室宽度，m；

　　　　D——刀盘直径，m；

　　　　S_s——门式起重机运行时支腿内、外侧安全距离，m，可取 0.8~1.0 m；

　　　　W_1——门式起重机支腿宽度，m。

2. 组装洞室高度

1）桥式起重机组装

主机组装洞室高度主要取决于 TBM 刀盘直径、桥式起重机主梁高度、小车高度、吊钩高度、吊运安全距离、刀盘安装支座高度等。主机组装洞室最小净高可按下式计算：

$$H = H_w + H_c + H_h + H_s + D + H_m + H_a \tag{4-4}$$

式中　H——组装洞室最小净高，m；

　　　H_w——安装桥式起重机时桅杆顶部至吊钩的最小距离，m，可取 1.5 m；

　　　H_c——桥式起重机主梁及小车最大高度，m；

　　　H_h——桥式起重机至吊钩间最小距离，m，可取 1.2 m；

　　　H_s——吊钩至刀盘最小距离，m，一般不小于 2 m；

　　　D——刀盘直径，m；

　　　H_m——刀盘起吊后平移到安装支座时的安全高度，m，可取 0.2 m；

　　　H_a——安装支座的最小高度，m，可取 0.15 m。

TBM 桥式起重机组装洞室断面布置见图 4-3。

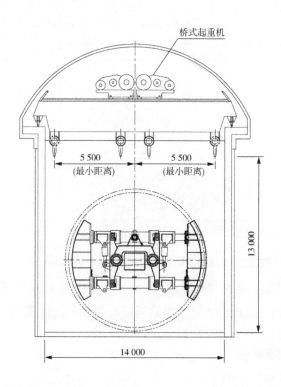

图 4-3　桥式起重机组装洞断面示意图（D=9 800 mm）　（单位：mm）

2）门式起重机组装

主机组装洞室高度主要取决于 TBM 刀盘直径、门式起重机主梁高度、小车高度、吊钩高度、吊运安全距离、起重机主梁安装所需高度等。主机组装洞室最小净高可按下式计算：

$$H = H_w + H_c + H_h + H_s + D + H_m + H_a \qquad (4\text{-}5)$$

式中　H——组装洞室最小净高，m；

　　　H_w——安装门式起重机时桅杆顶部至吊钩的最小距离，m，可取 1.5 m；

　　　H_c——门式起重机主梁及小车最大高度，m，即水平轨道以上起重设备最大高度；

　　　H_h——水平轨道顶面至吊钩间最小距离，m，可取 1.2 m；

　　　H_s——吊钩至刀盘最小距离，m，一般不小于 2 m；

　　　D——刀盘直径，m；

　　　H_m——刀盘起吊后平移到安装支座时的安全高度，m，可取 0.2 m；

　　　H_a——安装支座的最小高度，m，可取 0.15 m。

TBM 门式起重机组装洞室布置见图 4-4。

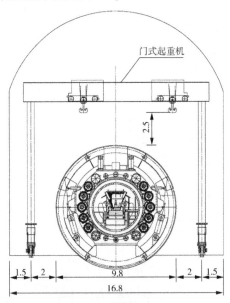

图 4-4　门式起重机组装洞断面示意图（$D = 9\,800$ mm）　　（单位：m）

3. 组装洞室的长度

当 TBM 采用带式输送机出渣时，组装洞室长度按下式计算：

$$L_2 = L_c + L_s + L_t \qquad (4\text{-}6)$$

式中　L_2——组装洞室长度，m；

　　　L_c——胶带仓长度，m；

　　　L_s——硫化台长度，m；

　　　L_t——硫化台至卸料渣长距离，m。

在设计阶段无相关设备参数时，组装洞室长度可取 80 m。

4.2　TBM 步进与滑行

4.2.1　TBM 步进与滑行的概念

TBM 步进与滑行都是指 TBM 不破岩、在无障碍通道上向前移动的过程，只是习惯上的说法不同，敞开式 TBM 一般称步进，护盾式 TBM 一般称滑行。

4.2.2　TBM 步进方式和步骤

敞开式 TBM 无辅助推进油缸，其步进方式相对比较复杂，目前常用的方式为滑板式，其步进机构通常由滑板、盾体托架、步进油缸、抬升支架及油缸、主梁抬升托架和撑靴支架组成，见图 4-5。

图 4-5　步进装置结构图

敞开式 TBM 步进循环一般有以下几个步骤：

（1）使步进油缸、抬升油缸、推进油缸、TBM 后支撑油缸处于收缩状态；TBM 主机由盾体支架和撑靴支架支撑。

（2）步进油缸将盾体托架向前推进一个行程，带动其上方的 TBM 整机向前移动一个步进油缸行程的距离，同时 TBM 推进油缸伸长相同的水平距离，见图 4-6。

（3）伸长抬升油缸和后支撑油缸，TBM 重量完全由抬升支架和后支撑承担，TBM 主机及撑靴支架被顶起。

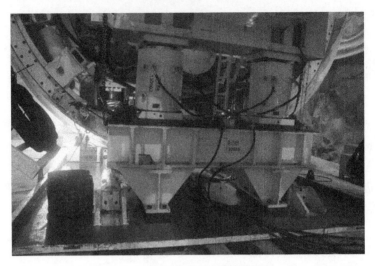

图 4-6　敞开式 TBM 步进示意图

（4）回缩步进油缸和 TBM 推进油缸，使滑板和撑靴及其支架向前移动一个步进油缸行程。

（5）回缩抬升油缸及后支撑油缸，回到第一步的状态，完成一个循环。

4.2.3　TBM 滑行方式与步骤

TBM 滑行利用推进油缸（单护盾 TBM）或辅助推进油缸（双护盾 TBM、DSU-C）向前推进 TBM 使其沿轨道向前滑动。

TBM 滑行的步骤相对比较简单，先在 TBM 滑行段前方铺设底板和轨道，并在推进油缸或辅助推进油缸后方浇筑混凝土圆冠状后背，再在推进油缸或辅助推进油缸与后背间安装一片底管片，伸长推进油缸或辅助推进油缸将 TBM 向前推进一个管片宽度的距离，回缩推进油缸或辅助推进油缸，在其后安装一片底管片，完成一个滑行循环，见图 4-7。

图 4-7　双护盾 TBM 滑行

4.3　TBM 的始发

4.3.1　敞开式 TBM 始发

敞开式 TBM 从始发洞（见图 4-8）开始掘进，始发时撑靴支撑于始发洞洞壁，为 TBM 推进油缸提供推进反力。始发洞长度可根据撑靴距掌子面距离，并考虑适当的安全距离后确定，可取 20 m。始发洞应设在围岩条件较好的洞段，并应进行可靠的支护，其断面尺寸比 TBM 刀盘略大，撑靴部位宜为现浇混凝土结构，内表面为弧形，弧线半径与撑靴表面弧线半径一致。

图 4-8　敞开式 TBM 始发洞

4.3.2　护盾式 TBM 始发

护盾式 TBM 始发时，应先形成起始环，为护盾 TBM 推进油缸或辅助推进油缸提供推进反力。起始环反力架可采用钢结构制作，见图 4-9~图 4-12。

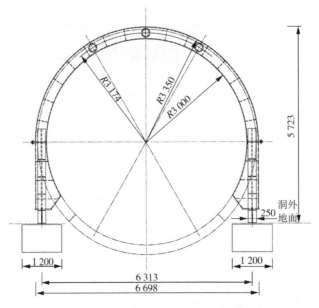

图 4-9　洞内起始环反力架（管片内径 6 m）正视图　　（单位：mm）

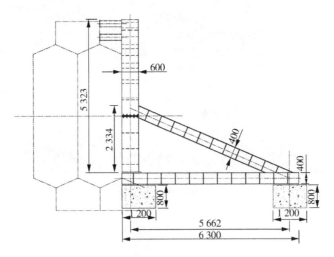

图 4-10　洞内起始环反力架（管片内径 6 m）侧视图　　（单位：mm）

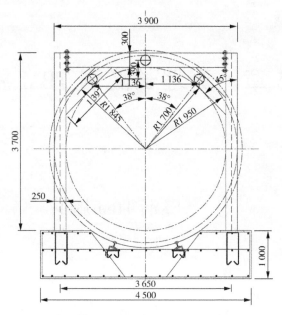

图 4-11　洞外起始环反力架（管片内径 3.4 m）正视图　　（单位：mm）

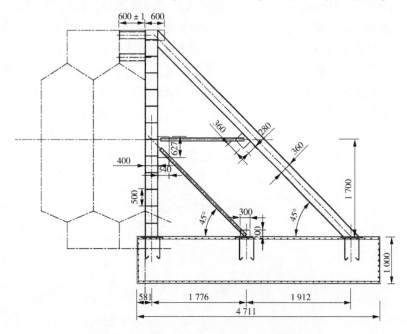

图 4-12　洞外起始环反力架（管片内径 3.4 m）侧视图　　（单位：mm）

4.3.3　DSU-C 始发

因 DSU-C 与敞开式 TBM 一样，既有撑靴也有锚喷支护设备，其始发较为简单，在始发洞就位后，撑靴撑紧洞壁即可开始掘进。

DSU-C 始发洞设计同敞开式 TBM，长度略短，可取 15 m 左右。

第 5 章　深埋长隧洞 TBM 施工

5.1　隧洞 TBM 施工

5.1.1　施工控制断面

深埋长隧洞的设计断面除需要满足建筑物功能的需要外，还应满足施工布置的需要。首先，隧洞设计断面应能满足施工运输的需要，因此深埋长隧洞不可能全洞采用单车道运输，其要么采用双车道运输，要么采用单车道+错车平台运输，另外，深埋长隧洞施工通风管直径需足够大方能满足施工通风的要求，隧洞设计断面应满足通风管布置的需要。基于上述两个主要原因，深埋长隧洞的设计断面有时是由隧洞施工所需最小断面控制的，此时加利福尼亚错车平台所在位置即为施工控制断面。

图 5-1 为某深埋长隧洞加利福尼亚错车平台处施工断面布置，该隧洞设计内径为 5.0 m；经计算，通风管最小直径 1.7 m、底管片平底最小高度 0.16 m、错车平台最小高度 0.5m（轨面至轨面）、列车运输风带盘时最小高度 2.3m、各相邻设施间最小距

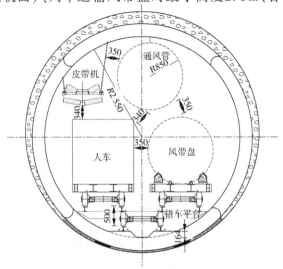

图 5-1　TBM 施工控制断面　　（单位：mm）

离 0.3 m 左右、通风管悬挂及下垂占用净高 0.15 m，则加利福尼亚错车平台处最小直径为 5.11 m，比该工程永久建筑物设计所需内径大 0.11 m，此时隧洞断面应按施工控制断面设计。

在中小直径深埋长隧洞中，由施工所需最小断面决定隧洞设计断面的现象较为常见，此时应以施工所需最小断面作为隧洞永久运行设计断面，并以此确定 TBM 开挖直径。

5.1.2 敞开式 TBM 施工

5.1.2.1 TBM 掘进

敞开式 TBM 的掘进主要由刀盘及刀具、驱动系统、推进系统和支撑系统等来完成。首先，启动刀盘，支撑系统油缸伸长并撑紧洞壁，收缩后支撑油缸使靴板离开洞底，慢速推刀盘使其紧靠掌子面，根据掌子面围岩特性选择合适的推进速度、转动刀盘开始掘进，与支撑系统相连的推进油缸把主机及连接桥向前推进一个行程，此时，拖拉油缸自由伸出，后配套静止不动；随后，刀盘停止回转，伸出后支撑油缸使其靴板下撑洞底以支撑机体重量，收缩水平支撑油缸使靴板离开洞壁，再收缩推进油缸使支撑系统向前移动一个行程，同时收缩拖拉油缸使后配套向前移动一个行程，完成一个掘进循环。因后配套钢轮行走于钢轨上，钢-钢间滚动摩擦系数小，牵引后配套所需拉力小，实际施工时，常不启用拖拉油缸，而使后配套与主机同步前移。

5.1.2.2 TBM 支护

1. H 型及 I 字型钢拱架

钢拱架安装器位于护盾内，其可沿隧洞轴向移动一定距离，钢拱架在护盾内逐节拼装成环后，移出护盾。型钢一般采用 H 型钢或 I 字型钢。

钢拱架安装时，首先旋转钢拱架安装器将其起始位置转到顶部，并将第一节已成型的型钢（两端焊有节点板）与安装器螺栓连接，然后旋转安装器，依次将各节型钢就位、栓接，再由钢拱架安装器将拼装成环的拱架移至安装位置，采用液压千斤顶向外张拉底部两节型钢连接处，使拱架与岩面充分接触，并将两节点板用螺栓连接固定。

2. U 型钢拱架

1) U 型钢开口方向

U 型钢不仅截面形状与 H 型或 I 字型钢不同，其各段间的连接方式也不一样，U 型钢的梁段间是以 2 个卡缆（其螺栓为径向）连接在一起的，此种连接方式可允许相邻两段型钢沿环向错动。U 型钢及卡缆见图 5-2。

国内 TBM 隧洞施工尚无采用 U 型钢的工程案例，但已有我国承包商在国外隧洞施工中采用 U 型钢的案例。关于 U 型钢的开口方向，国外工程以开口朝内的居多。究其原因，主要有两个方面，其一是采用 U 型钢作为一次支护的部位岩石较为软弱，此时若开口朝外，U 型钢拱架与岩面形成线接触，将产生应力集中，易破坏岩面；其次，开

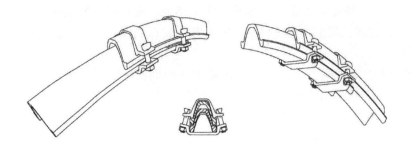

图 5-2　U 型钢及卡缆

口朝外时，钢拱架将与岩面或喷混凝土形成无法填充的空腔。

尽管国内尚无 TBM 施工采用 U 型钢的相关规范，但根据《水利水电工程锚喷支护技术规范》（SL 377—2007）4.5.3 款的规定：（钢拱架）安装时应与岩面或喷混凝土密贴，并同锚杆或钢筋网联接。U 型钢开口向外时将无法满足这一要求。常用 U 型钢拱架开口方向见图 5-3。

图 5-3　瑞士 Gotthard 隧道 U 型钢拱架支护

2）U 型钢拱架的安装

U 型钢拱架的安装程序与 H 型钢或 I 字型钢拱架基本相同，仅安装方法略有不同，U 型钢拱架的两个梁段间先采用卡缆以较小扭矩连接，以使其在就位后的张拉撑紧岩壁过程中可相对滑动，张拉完成后再以设计扭转矩拧紧螺栓，见图 5-4。

3. 锚杆支护

敞开式 TBM 有两个支护区，分别为 L1 区和 L2 区，一般 L1 区和 L2 区各布置 2 台锚杆钻机（见图 5-5）。L1 区锚杆钻机主要承担随机锚杆孔的钻设，在不影响 TBM 掘进的前提下进行部分系统锚杆孔的钻设；L2 区锚杆钻机主要承担 L1 区锚杆钻机未完成的

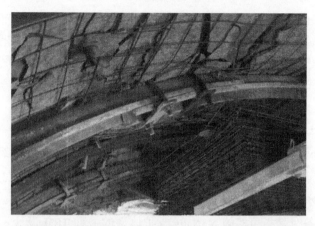

图 5-4　巴基斯坦 N-J 水电站工程 U 型钢拱架支护

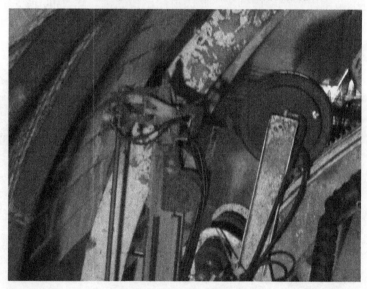

图 5-5　TBM 锚杆钻机

系统锚杆孔的钻设。

　　L1 区锚杆钻机布置于主梁前部,左右各一台。锚杆钻机沿环状齿圈运动,沿齿圈切向钻设锚杆孔,因此锚杆钻机钻孔方向与岩面不垂直。锚杆钻机一般可钻设隧洞上部 270°范围内(中小断面隧洞实现这一范围较为困难)的锚杆,可沿隧道轴向移动 2~3 m 距离,当 TBM 向前掘进时,钻机相对于洞壁静止,即锚杆钻机钻设锚杆孔可与 TBM 掘进同步进行。

　　L2 区锚杆钻机布置于后配套台车上,左右各一个,其运行原理与 L1 区锚杆钻机相同。

　　锚杆安装时采用专用的砂浆泵注浆。

　　4. 喷混凝土系统

　　喷混凝土系统可分为 L1 区和 L2 区喷混凝土系统。L1 区喷混凝土系统也常称为应急喷混凝土系统,用于需及时进行的喷混凝土的施工,其喷射机构布置于 L1 区支护平台，无定型设计；L2 区喷混凝土系统布置于后配套台车上，距掌子面约数十米，为自动化的喷混凝土系统，其喷射机械手可沿与洞轴线平行的导梁纵向移动，导梁可沿环向齿圈移动。视单位时间喷射强度，L2 区可配置 1~2 个喷混凝土机械手。

L1、L2 区喷混凝土一般共用同一混凝土运输、速凝剂添加和混凝土输送泵系统，仅喷嘴位置不同。

5. 钢筋网安装

钢筋网在洞外焊接成片状后运入洞内，以人工安装为主，由钢拱架拼装小车辅助运输和就位。

6. 钢筋排支护（McNally）

McNally 指设备时是指可实施 McNally 支护体系的一种 TBM 设计，可以理解为护盾上部（一般 160°范围内）的空腔结构，腔内可储层钢筋排；McNally 指支护体系时是指利用 TBM 的 McNally 设计形成的钢拱架、锚杆、钢筋网的联合支护体系，见图 5-6。

图 5-6　敞开式 TBM 的 McNally 护盾设计

实施钢筋排支护时，首先将已焊接的钢筋排插入到护盾上部的钢筋排储存腔中，然后将其一端拉出与已完成拼装、就位但尚未撑紧的钢拱架焊接，然后撑紧钢拱架，使钢筋排紧贴洞壁固定；随着 TBM 向前掘进，钢筋排被从护盾上部钢筋排储存腔中拉出，当拉出的长度达到钢拱架间距时，在此位置架立下一榀钢拱架，并与钢筋排焊接；按此程序周而复始，形成连续 McNally 支护体系。两排钢筋排间应有足够的搭接长度。

5.1.2.3 出渣

出渣与 TBM 掘进同步进行，TBM 掌子面被切削、破碎的岩渣由安装于刀盘面板上的铲斗铲起后并随刀盘转动，当与该铲斗连接的溜渣槽转动至与水平面的夹角大于岩渣自然休止角时，岩渣将沿溜渣槽下滑至出渣环，并落入此处的主机胶带输送带机，再由主机胶带输送机向后输送。

5.1.3 单护盾 TBM 施工

5.1.3.1 TBM 掘进

单护盾 TBM 无撑靴系统，依靠推进油缸顶推已安装管片的端面提供推进反力。TBM 掘进时，推进油缸向后顶推已安装管片端面，刀盘在推进油缸推力作用下通过安装于刀盘上的滚刀正面挤压掌子面岩体，同时，TBM 刀盘在驱动电机的作用下旋转，安装于其上的滚刀在随其公转的同时自转，并在转动的过程中挤压、切割掌子面岩体实现破岩。

5.1.3.2 管片衬砌

当推进油缸向前推进一个管片宽度的距离时，分区收缩推进油缸，依次拼装预制钢筋混凝土管片（简称管片）。以 4 片 1 环的六边形管片拼装为例，应先安装底管片，再装顶管片，最后装侧管片。

因单护盾 TBM 无撑靴系统，依靠推进油缸顶推管片提供推进反力，故其在掘进时不能拼装管片，拼装管片时也不能掘进，即 TBM 掘进与管片拼装不能同时进行。

5.1.3.3 豆砾石充填

为了管片拼装和结构设计的需要，管片拼装后其外壁和洞壁间存在一定厚度的空隙，该厚度根据 TBM 设计和管片结构设计确定，在深埋长隧洞中，若存在软弱围岩大变形风险，该厚度应适当取大值。为了使衬砌管片与岩体联合受力，先采用豆砾石（粒径为 5~10 mm）充填其间空隙，再进行回填灌浆，使其成为类细石混凝土结构。

管片拼装时，当一环管片被推出尾盾后，立即进行豆砾石充填。将豆砾石罐车与豆砾石喷射机的上料系统连接，打开豆砾石罐车的卸料阀使豆砾石卸入胶带输送机的上料口，启动胶带输送机将豆砾石均匀输送到豆砾石喷射机料斗，同时，启动豆砾石喷射机，通过压缩空气将豆砾石经管道压送至喷头，喷入管片外侧与洞壁间的空隙中。豆砾石充填见图 5-7。

5.1.3.4 豆砾石回填灌浆

豆砾石回填灌浆从底管片到顶管片依次连续实施。灌浆孔由底管片到顶管片对称分序为 1 序孔、2 序孔、3 序孔、4 序孔，灌浆压力为 0.3~0.4 MPa。首先施灌 1 序孔，同一位置的灌浆孔组成一条灌浆线，以被灌孔为中心，在距离中心 10 m 处连接阀门并将其置于"开"状态，以此检查浆液是否到达该处，如浆液从该阀门流出，则说明浆液到达该处，停止灌浆并关闭该阀，然后从漏浆处重新灌浆，随后依次进行 2 序孔、3 序孔、4 序孔的灌浆，同时不断检查灌浆量，达到预计灌浆量时即停止灌浆，以防止浆液流至 TBM 护盾外凝固而造成护盾卡机。4 序孔灌浆应达到峰值压力以使浆液充满环间隙。豆砾石回填灌浆见图 5-8。

5.1.3.5 出渣

单护盾 TBM 出渣原理与敞开式 TBM 一致，不再赘述。

图 5-7　豆砾石充填

图 5-8　豆砾石回填灌浆

5.1.4　双护盾 TBM 施工

5.1.4.1　工作模式

　　双护盾 TBM 有两种工作模式，即双护盾工作模式（见图 5-9）和单护盾工作模式（见图 5-10）。

　　TBM 以双护盾工作模式工作时，首先将撑靴和前盾稳定器撑紧洞壁，刀盘开始转动，刀盘、前护盾、主驱动在主推进油缸作用下向前掘进一个行程，后配套静止不动；

然后，刀盘停止转动，撑靴和前盾稳定器离开洞壁，辅助推进油缸将 TBM 支撑护盾及其以后部分向前推进一个行程。TBM 以双护盾工作模式工作时，掘进和管片拼装可同时进行。

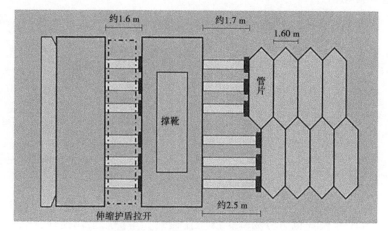

图 5-9　双护盾工作模式掘进状态

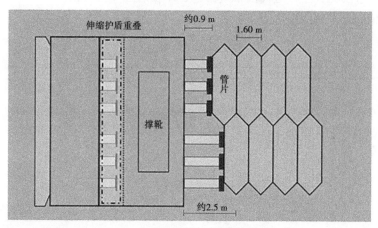

图 5-10　单护盾工作模式掘进状态

　　TBM 在软弱、破碎围岩洞段中掘进时，若其撑靴无法有效提供推进反力，则需采用单护盾模式工作，此时内、外伸缩护盾完全重叠，前盾、伸缩护盾、支撑护盾和尾盾合成一体，推进油缸处于收缩状态，由辅助推进油缸顶推管片端面产生向前的推力进行掘进作业。双护盾 TBM 以单护盾工作模式工作时，与单护盾施工程序相同。

5.1.4.2　TBM 掘进

　　首先，启动电机驱动刀盘转动，撑靴油缸伸长，直至靴板撑紧洞壁，随后主推进油缸向前推进，使刀盘上的滚刀挤压、切割掌子面岩体，并使之破碎，石渣随着刀盘的旋转沿刀盘背侧的溜槽卸至主机胶带输送机，再经后配套胶带输送机输送至渣车或隧洞连续胶带输送机上，同时机头被向前推进。

　　在 TBM 向前掘进过程中，撑靴同时为辅助推进油缸提供顶推管片的反力，辅助推进油缸向后顶推、支撑已拼装的管片，使管片处于稳定状态，当一环管片拼装完成后，将主推进油缸置于自由状态，伸长辅助推进油缸，使 TBM 支撑护盾及其后部分向前移动一个行程。

5.1.4.3　管片衬砌

双护盾 TBM 管片拼装、豆砾石充填及回填灌浆工艺均与单护盾相同，不再一一赘述。

5.1.4.4　出渣

双护盾 TBM 出渣原理与单护盾 TBM 一致。

5.1.4　DSU-C 施工

5.1.4.1　工作模式

DSU-C 的工作模式较为复杂，若以支护形式划分，其工作模式为敞开式；若以掘进模式划分，其工作模式也可分为双护盾工作模式和单护盾工作模式，双护盾工作模式由撑靴提供推进反力，主推进油缸推进刀盘，单护盾工作模式由临时安装的钢管片提供推进反力，辅助推进油缸推进刀盘。

5.1.4.2　掘进

DSU-C 的双护盾工作模式的掘进方法与双护盾 TBM 一致，但其单护盾工作模式比较复杂。当 TBM 掌子面揭露的岩体软弱、破碎，导致撑靴在该段无法工作而启用单护盾工作模式时，需先利用其钢拱架安装器在辅助推进油缸后方安装钢管片，并将其牢固锚定，随后伸长辅助推进油缸顶推钢管片端面，实现单护盾工作模式掘进，此时内、外伸缩护盾完全重叠。

5.1.4.3　支护

DSU-C 支护施工与敞开式 TBM 相同，不再赘述。

5.1.4.4　出渣

DSU-C 出渣原理与其他各型 TBM 相同。

5.2　TBM 通过钻爆法施工段

5.2.1　敞开式 TBM 通过钻爆法施工段

敞开式 TBM 通过钻爆法施工段时，视已开挖段断面的大小可分别采用两种通过方式。

当钻爆法开挖洞段的断面较大，撑靴无法支撑洞壁时，可采用前述步进方式通过；

当钻爆法开挖洞段的断面比 TBM 刀盘略大，撑靴可正常工作时，可采用正常掘进模式通过。

5.2.2　护盾式 TBM 通过钻爆法施工段

5.2.2.1　单护盾 TBM 通过钻爆法施工段

单护盾式 TBM 通过钻爆法施工段时，视已开挖段的断面大小可分别采用两种通过方式。

当钻爆法开挖洞段的断面较大，无法边推进边拼装管片时，可采用前述滑行方式通过；当钻爆法开挖洞段的断面比 TBM 刀盘略大，可边推进边拼装管片时，采用正常掘进模式通过。

5.2.2.2　双护盾 TBM 通过钻爆法施工段

双护盾 TBM 通过钻爆法施工段时，视已开挖段的断面大小可分别采用两种通过方式。

当钻爆法开挖洞段的断面较大、撑靴无法支撑洞壁时，可采用前述滑行方式通过；当钻爆法开挖洞段的断面比 TBM 刀盘略大时，可边推进边拼装管片，采用正常掘进模式通过。

5.2.3　DSU-C 通过钻爆法施工段

DSU-C 通过钻爆法施工段时，视已开挖段的断面大小可分别采用两种通过方式。

当钻爆法开挖洞段的断面较大，撑靴无法支撑洞壁时，可采用前述滑行方式通过；当钻爆法开挖洞段的断面比 TBM 刀盘略大，撑靴可正常工作时，可采用正常掘进模式通过。

5.3　TBM 检修及拆卸

5.3.1　TBM 检修及拆卸洞室的尺寸

5.3.1.1　预先施工的 TBM 检修及拆卸洞室

当 TBM 检修或拆卸洞室位于非深埋洞段，具备设置支洞条件，并通过支洞采用钻爆法预先施工检修或拆卸洞室时，检修及拆卸洞室的长度取主机或机头长度与 2 倍刀盘直径之和，且不小于 25 m；检修及拆卸洞室的宽度及高度的确定方法与组装洞室相同。

5.3.1.2　就地施工的 TBM 检修及拆卸洞室

当 TBM 检修或拆卸洞室位于深埋洞段，无法设置支洞采用钻爆法预先施工检修或拆卸洞室时，可通过旁洞绕至 TBM 前方施工检修或拆卸洞室，或就地扩挖隧洞形成拆卸洞室，在此情况下，因无法采用大型起重设备，检修及拆卸洞室尺寸根据检修内容及方法、拆卸方法拟定。

5.3.2　TBM 检修及拆卸方法

5.3.2.1　在预先施工的 TBM 检修及拆卸洞室内实施检修或拆卸 TBM

1. 在预先施工的 TBM 检修洞室内检修

TBM 检修主要是指对主机的检修，后配套检修在日常即可完成，无需进入检修洞室检修。当 TBM 在预先施工的 TBM 检修洞室内检修时，也可采用桥式起重机和门式起重机两种起吊方法。

2. 在预先施工的 TBM 拆卸洞室内拆卸

TBM 拆卸指整机的拆卸。当 TBM 掘进前方已完成拆卸洞室施工时，主机可在拆卸洞室内拆卸，后配套台车既可回拉至组装洞室（或组装场）内拆卸，也可在拆卸洞室内拆卸。与 TBM 组装相同，TBM 拆卸也可采用桥式起重机和门式起重机两种起吊方法。

5.3.2.2　在就地施工的 TBM 检修及拆卸洞室内实施检修或拆卸

1. 在就地施工的 TBM 检修洞室内检修

当采用旁洞法或就地扩挖隧洞形成检修洞室时，因洞内一般不具备运输、安装大型起重机械的条件，此时先在检修洞室顶部打设预应力锚索，其拉拔力应大于检修过程中起重的最重件的重量，并考虑相应安全系数，以锚索为支点安装 1 台或多台电动葫芦，以电动葫芦作为起重机械来检修。

2. 在就地施工的 TBM 拆卸洞室内拆卸

当采用旁洞法或就地扩挖隧洞形成拆卸洞室时，因洞内一般不具备运输、安装大型起重机械的条件，此时先在拆卸洞室顶部打设预应力锚索，其拉拔力应大于拆卸过程中起重的最重件的重量，并考虑相应安全系数，以锚索为支点安装 1 台或多台电动葫芦，以电动葫芦作为起重机械来拆卸。主机在拆卸洞室内拆卸，后配套回拉至组装洞室（或组装场）内拆卸。

第 6 章 深埋长隧洞 TBM 施工运输

6.1 TBM 施工运输对象

TBM 施工时，主要运输对象有洞渣、管片（护盾式 TBM）、豆砾石（护盾式 TBM）、水泥、喷混凝土（敞开式 TBM、DSU-C）、速凝剂（敞开式 TBM、DSU-C）、型钢（敞开式 TBM、DSU-C）、锚杆（敞开式 TBM、DSU-C）、钢筋网（敞开式 TBM、DSU-C）、钢轨、轨枕、通风管、高压电缆、胶带输送机支架、托辊、供水管、排水管等。本书将其分为两大类，即洞渣和材料。

上述运输对象的尺寸、形状、重量、运输频率、运输量均有较大区别，需针对其不同特性，选择与其相适应的运输方式。

6.2 洞渣运输

6.2.1 通过隧洞进、出口出渣

洞渣的运输方式与 TBM 机型无关，主要与施工通道布置有关。

通过隧洞进、出口出渣的 TBM 掘进工作面，既可采用机车牵引矿车出渣，也可采用隧洞连续胶带输送机出渣。

6.2.1.1 机车牵引矿车出渣

采用机车牵引矿车出渣时，既可采用移车式装渣，也可采用卸料小车装渣。移车式装渣的卸料点不变，机车牵引矿车移动、逐车装渣；卸料小车装渣时矿车静止，卸料点移动。采用机车牵引矿车出渣时，列车出洞后驶至转渣场，由机车将渣车逐车推入翻车机上方，由翻车机将其侧翻卸渣，其操作过程见图 6-1。

因 TBM 刀盘上滚刀的刀间距较为接近，TBM 掘进产生的洞渣粒径较为均匀，因此松方系数相对较大，一般为 1.75~1.80，宜按此系数计算渣车容积。列车运输洞渣时，一列渣车一次运输 TBM 1~2 个掘进行程的渣量，渣车总容积根据隧洞断面面积、掘进

图 6-1　翻车机翻渣

行程长度、掘进行程数量、洞渣松方系数计算。视隧洞开挖直径大小，渣车容积一般取 10~20 m³，渣车数量一般取 8~15 节。

6.2.1.2　胶带输送机出渣

1. 胶带输送机输送系统

胶带输送机输送系统自前向后由主机胶带输送机（1#胶带输送机）、后配套胶带输送机（2#或 2#和 3#胶带输送机）、隧洞连续胶带输送机、胶带输送机延伸安装平台、胶带仓及张紧机构、硫化台、卸渣头等组成，洞渣经主机胶带输送机、后配套胶带输送机、隧洞连续胶带输送机送至洞外转渣场。胶带仓每次预装 400~600 m 胶带，可供 TBM 掘进 200~300 m，见图 6-2。

图 6-2　胶带仓

2. 胶带延伸

在 TBM 掘进过程中，胶带从胶带仓被连接在后配套上的胶带从动轮逐渐拉出，胶带机延伸安装平台处的胶带处于悬浮状态，当悬浮长度达到 1.0～1.5 m（一个胶带支架间距）时，在胶带机延伸安装平台上安装支架、托辊等，使隧洞连续胶带输送机向前延伸。当 TBM 掘进完 200～300 m 时，胶带仓无法继续提供掘进所需的胶带时，将另一卷 400～600 m 胶带运至硫化台处，断开连续胶带机的封闭胶带，将新胶带卷的两个端头与胶带系统内的两个端头硫化连接为一整条胶带。连续胶带机所用胶带均为钢丝胶带，内嵌多根钢绞线，见图 6-3、图 6-4。

图 6-3　胶带卷

图 6-4　钢丝胶带

3. 转渣

TBM 掘进通过隧洞进、出口出渣时，转渣场设在洞外，可在卸渣点设分渣机构直接转载至自卸汽车，由自卸汽车运至弃渣场，也可采用装载机装自卸汽车运至弃渣场；TBM 掘进从支洞出渣时，在主支洞交叉段布置转渣料斗，渣料自连续胶带机转载至支洞胶带机，再由支洞胶带机输送至洞外。

4. 胶带输送机输送系统的出渣能力

TBM 铲斗允许通过最大的石渣粒径一般不超过 25 cm，胶带输送机输送的最大粒径可按 30 cm 考虑。查《带式输送机工程设计规程》（GB 50431—2008）附录 A 可得不同物料运行堆积角时输送带上物料的横截面面积，乘以带速即可得到不同宽度胶带输送机的出渣能力。

6.2.2　通过支洞出渣

TBM 掘进通过支洞出渣时，因支洞纵坡较大，无法采用轨道运输，故均采用胶带输送机出渣。

TBM 掘进主洞通过支洞出渣时，石渣经隧洞连续胶带机末端卸入转渣料斗，经渣斗卸至支洞胶带输送机运至支洞洞口（见图 6-5），再采用上述方式由自卸汽车运至弃渣场。若支洞口附近地形陡峭，修建弃渣场道路困难时，也可考虑采用胶带输送机转渣至弃渣场。

支洞胶带输送机为固定式，其输送能力与主洞连续胶带输送机一致。

图 6-5　转渣料斗

6.3　材料运输

6.3.1　敞开式 TBM 施工材料运输

6.3.1.1　材料种类

敞开式 TBM 施工运输的主要材料有喷混凝土、速凝剂、型钢、锚杆、钢筋网、钢轨、轨枕、通风管、高压电缆、胶带输送机支架、托辊、供水管、排水管等。

6.3.1.2　运输方式

根据施工通道的不同，材料的运输可采用 3 种方式：①以隧洞进、出口作为施工通道的掘进工作面，各种材料分别装载至相应材料车上，在洞外编组成列车，由机车牵引列车运至工作面；②以支洞作为施工通道的掘进工作面，先采用汽车（或罐车）将材料运至 TBM 服务洞，在服务洞内转载至各自材料车，组成列车后由机车牵引列车运至工作面；③以支洞作为施工通道的掘进工作面，若该支洞断面较小或其由 TBM 掘进形成，材料采用 MSV 运至 TBM 服务洞转载或直接运至 TBM 后配套内部。

6.3.1.3　运输车辆

1. 洞外组车

以隧洞进、出口为施工通道的 TBM 掘进工作面，各种材料车在洞外编组成列车，其中喷混凝土采用轨道式混凝土搅拌罐车（见图 6-6）运输；桶装速凝剂采用材料平车运输；风带盘采用材料平车（见图 6-7）运输；高压电缆卷采用材料平车运输，当受隧洞断面控制整卷运输困难时，可将其从电缆卷上解下，以合适形状缠绕后运至后配套电缆卷筒处，在此处重新盘绕在电缆卷筒上；型钢、锚杆、钢筋网、钢轨、轨枕、胶带输送机支架、托辊、供水管、排水管等均采用材料平车运输。

2. 洞内组车

以支洞作为施工通道的 TBM 掘进工作面，在支洞内运输采用汽车、罐车或 MSV 运输材料，运至服务洞后，转载至相应车辆，组成列车后由机车牵引至后配套内，或由 MSV 直接运入后配套内。

图 6-6　轨道式混凝土搅拌运输车

图 6-7　风带盘运输（异形）

6.3.2　护盾式 TBM 施工材料运输

6.3.2.1　材料种类

护盾式 TBM 施工需运输的主要材料有管片、豆砾石、水泥、钢轨、通风管、高压电缆、胶带输送机支架、托辊、供水管、排水管等。

6.3.2.2　运输方式

根据施工通道的不同，护盾式 TBM 施工所需材料也可采用 3 种运输方式：①以隧洞进、出口作为施工通道的掘进工作面，各种材料分别装载至相应材料车上，在洞外编组成列车，由机车牵引列车运至工作面；②以支洞作为施工通道的掘进工作面，先采用汽车（或罐车）将材料运至服务洞，再在服务洞内转至各自材料车上，编组成列车后由机车牵引列车运至工作面；③以支洞作为施工通道的掘进工作面，若该支洞断面较小或其由 TBM 掘进形成，材料采用 MSV 运至服务洞转载或直接运至 TBM 后配套内部。

6.3.2.3　运输车辆

管片采用管片车运输、豆砾石采用豆砾石罐车运输、砂浆采用砂浆罐车运输，其他材料运输车辆与敞开式 TBM 运输车辆相同。

6.3.3　DSU-C 施工材料运输

DSU-C 施工材料种类和运输方式均与敞开式 TBM 相同。

6.4　列车编组

鉴于 TBM 施工运输的洞渣量、材料量与隧洞开挖直径密切相关，而 TBM 开挖直径范围较大，各种车辆配置相差也较大，列车编组也各不相同，在此列明某双护盾 TBM（开挖直径 6.79 m）施工隧洞的实际列车编组供读者参考。

（1）TBM 掘进列车编组。列车由 3 节混凝土管片车、2 节豆砾石罐车、2 节水泥车、1 节零星材料运输车和内燃机车组成，列车长度约为 128 m。车位排序由前向后为：内燃机车+3 混凝土管片车+1 节豆砾石罐车+1 节水泥车+12 节渣车+1 节水泥车+1 节零星材料运输车。

（2）上下班换班列车编组。上下班换班列车为载人专用列车由 4 节载人车和内燃机车组成，列车长度约为 31 m。车位排序由前向后为：一台内燃机车+4 节载人车。

6.5　机车配置

6.5.1　机车牵引计算

6.5.1.1　机车牵引计算步骤

机车牵引计算按下列步骤进行：

（1）根据隧洞开挖直径，确定列车单趟运输对应的掘进循环数或管片环数。

（2）根据列车单趟运输对应的掘进循环数或管片环数，计算每列车运输的渣量、材料量及其总重量。

（3）计算每列车所需各种车辆数量及其总自重。

（4）计算列车总重。

（5）根据列车总重，计算机车黏着重量及功率。

6.5.1.2　列车牵引计算

1. 黏着系数计算

按照新《列车牵引计算第 1 部分：机车牵引式列车》（TB/T 1407.1—2018），内燃机车黏着系数按下式计算：

$$\mu_j = 0.248 + \frac{5.9}{75 + 20v} \tag{6-1}$$

式中　μ_j——黏着系数；

v——机车速度，km/h。

机车最大行车速度按 20 km/h。

2. 坡道启动能力机车黏着重量计算

在隧洞坡道上，保证列车能启动的条件为：

$$\frac{P}{G} \geqslant \frac{\omega_q'' + \omega_i}{1\,000\mu_j - \omega_q' - \omega_i} \tag{6-2}$$

式中　P——所求的机车黏着重量，t；

G——列车重量，t；

ω_q'——机车的单位启动阻力，N/kN，按《列车牵引计算第 1 部分：机车牵引式列车》（TB/T 1407.1—2018）取 5 N/kN；

ω_q''——列车的单位起动阻力，N/kN，按《列车牵引计算第 1 部分：机车牵引式列车》（TB/T 1407.1—2018）取 3.5 N/kN；

ω_i——单位坡道阻力，N/kN；

μ_j——启动时的黏着系数。

3. 限坡通过能力机车黏着重量计算

$$\frac{P}{G} \geqslant \frac{\omega_0'' + \omega_i}{1\,000\mu_j - \omega_0' - \omega_i} \tag{6-3}$$

式中　ω_0'——机车牵引运行时的单位基本阻力，N/kN，$\omega_0' = 2.28 + 0.029\,3v + 0.000\,178v^2$，$v$ 为列车速度，km/h；

ω_0''——列车单位运行阻力，N/kN，按公式计算 $\omega_0'' = 0.92 + 0.004\,8v + 0.000\,125v^2$，$v$ 为列车速度，km/h；

其他符号意义同前。

6.5.1.3　机车功率计算

机车功率按下式计算：

$$N \geqslant \frac{\omega_0'P + \omega_0''G}{3\,600\eta} \times 9.81v \tag{6-4}$$

式中 N ——所求柴油机车的装机功率，kW；

P ——机车黏着重量，t；

η ——柴油机功率利用系数，取 0.8；

v ——列车速度，km/h；

其他符号意义同前。

新《列车牵引计算第 1 部分：机车牵引式列车》（TB/T 1407.1—2018）未阐述蓄电池机车计算方法，采用蓄电池机车时可参考上述方法计算。

6.5.2 机车选型

小断面隧洞（$D \leqslant 4.5$）采用 TBM 施工时，因受隧洞断面限制，通风系统只可布置小直径通风管，当独头通风距离较大，施工通风计算所得风机全压大于通风管的最大耐压值，或施工通风计算所得通风系统总功率过大，说明通风系统布置不可行。此时虽然通过扩大隧洞断面、增加通风竖井或斜井都可解决施工通风问题，但工程投资也将大大增加。在此种情况下，可选用内燃机车以外的其他型式机车，如鄂北调水工程宝林隧洞采用蓄电池机车、引故入新隧洞工程采用超级电容机车。鉴于采用超级电容机车的工程案例相对较少，本书建议采用蓄电池机车。

中等断面隧洞（$4.5 < D \leqslant 7.5$）采用 TBM 施工时，若隧洞位于高原地区，因柴油机械需风量高程修正系数较大，也可能发生上述类似情况，从而使施工通风系统不可行。因中等断面隧洞运输量相对较大，若全程采用蓄电池机车，因其续航里程相对较短，需频繁更换电池导致施工效率降低，甚至发生中途停车现象。此时可考虑内燃机车、蓄电池机车双机车牵引方案，即列车同时配备内燃机车、蓄电池机车两个机车，重车采用内燃机车牵引，轻车采用蓄电池机车牵引，两者结合后既减小了施工通风负荷、满足了施工通风的要求，又可延长蓄电池机车的充电时间间隔。

大断面隧洞（$7.5 < D \leqslant 12.0$）采用 TBM 施工时，因可布置大直径通风管，在其合理掘进长度内，即使全部采用内燃机车一般也不存在施工通风问题。若隧洞工程位于高海拔区域，柴油设备需风量高程修正系数较高而导致全部采用内燃机车不可行时，也可考虑采用双机车牵引。

第 7 章　深埋长隧洞 TBM 施工通风

7.1　深埋长隧洞施工通风标准

7.1.1　深埋长隧洞施工通风的特殊性

因深埋长隧洞埋深大，设置施工支洞困难，为施工主洞可布置的施工支洞一般较少，TBM 工作面独头掘进长度相对较大；同时，因深埋长隧洞的支洞，往往长达数千米，致使 TBM 独头通风距离超出合理范围；另一方面，深埋长隧洞工程往往地处高海拔地区，工程区柴油设备需风量修正系数较大，每千瓦柴油机械需风量可能成倍增加。上述因素的共同作用使得施工通风成为中小断面深埋长隧洞施工组织设计的控制性因素，甚至直接关系到施工布置的可行性，在施工组织设计中应予以充分的关注。

深埋长隧洞施工通风的特殊性还表现为方案的多样性，通风系统级数、通风竖井（斜井）布置、机车型式、工作面布置等因素的不同组合，使通风布置方案较多，选择合理施工通风方案的难度较大。

7.1.2　施工通风方式

深埋长隧洞施工采用压入式通风，通风机布置于洞口，通过通风管压入新鲜空气，同时通过隧洞与通风管之间的空间排出污浊空气。

压入式通风时，通风管承受自内向外的压强，当这一压强超过通风管耐压值时，将发生爆管现象，为了避免这一现象的发生，深埋长隧洞的通风系统往往需分级设计，以使通风管所承受的压强均在相应直径通风管的耐压值以内。

通风机是压入式通风的动力，其使新鲜空气以较大的初速度进入通风管并沿通风管前行，通风机可通过串联或并联提供足够的风压或风量。

7.1.3　施工通风标准

7.1.3.1　《水利水电工程施工组织设计规范》（SL 303—2017）

（1）洞室开挖所需通风量应按下列要求分别计算，取其中最大值：

①应按洞内同时工作的最多人数，每人供给 0.05 m^3/s 的新鲜空气计算。

②应按爆破后 20 min 内将工作面的有害气体排出或冲淡至容许浓度，每千克炸药产生的有害气体折合成 40 L 一氧化碳气体。

③洞内使用柴油机械施工时，可按每千瓦供风量 0.068 m^3/s 计算，并与同时工作的人员所需的风量相加计算。

④计算通风量时，应根据通风方式和长度考虑漏风增加值，漏风系数可取 1.20～1.45。

⑤当洞、井位于海拔 1 000 m 以上时，计算的通风量应乘以高程修正系数：高程修正系数应按《水工建筑物地下开挖工程施工规范》（SL 378—2007）中 11.2.4 的规定选择。

⑥计算出的通风量应按最大、最小容许风速和相应洞室温度所需风速进行校核。

（2）工作面附近的最小风速不应低于 0.25 m/s，最大风速按下列规定执行：

①隧洞、竖井、斜井工作面最大风速不应超过 4 m/s。

②运输与通风洞最大风速不应超过 6 m/s。

③升降人员与器材的井筒不应超过 8 m/s。

7.1.3.2　《水工建筑物地下开挖工程施工规范》（SL 378—2007）

（1）地下洞室开挖时需要的风量可根据下列要求计算确定，并取其最大值：

①按洞内同时工作的最多人数计算，每人每分钟应供应 3.0 m^3 的新鲜空气。

②按爆破 20 min 内将工作面的有害气体排出或冲淡至容许浓度（每千克 2 号岩石硝铵炸药爆炸后可产生 40 L 一氧化碳气体）。

③洞内使用柴油机械时，可按每千瓦每分钟消耗 4 m^3 风量计算，并与工作人员所需风量相叠加。

④计算通风量时，洞室通风系统漏风系数可按 1.20～1.45 选取，对于较长洞室可视洞室长度专门研究确定。

⑤当洞室位于海拔 1 000 m 以上时，计算出的通风量应按下列规定进行修正：

施工人员所需通风量乘以高程系数 1.3～1.5（高程低者取小值，高程高者取大值）；排尘通风量不做高程修正；爆破散烟通风量可除以表 11.2.4 中相应高程系数；洞内使用柴油机械时，所需风量可乘以 1.2～3.9（高程低者取小值，高程高者取大值）。

⑥计算出的通风量应按最大、最小容许风速与洞内温度所需的相应风速进行校核。

（2）工作面附近的最小风速不应小于 0.15 m/s，最大风速应不大于下列规定值：

①隧洞、竖井、斜井为 4 m/s。

②运输与通风洞为 6 m/s。

③运送人员与施工器材的井筒为 8 m/s。

7.1.3.3 《公路隧道施工技术规范》（JTG F60—2009）

（1）隧洞施工作业环境应符合下列卫生与安全标准：

①空气中氧气的含量在作业过程中始终保持在 19.5% 以上。严禁用纯氧进行通风与换气。

②空气中的一氧化碳（CO）、二氧化碳（CO_2）、氮氧化物（NO_2）等有害气体的浓度必须符合《公路隧道施工技术规范》（JTG F60—2009）表 13.0.1-1 规定。

③空气中粉尘浓度应符合《公路隧道施工技术规范》（JTG F60—2009）表 13.0.1-2 规定。

④噪声不应大于 90 dB。

⑤隧道内气温不宜高于 28 ℃。

（2）瓦斯隧道装药爆破时，爆破地点 20 m 内风流中瓦斯浓度必须小于 1.0%；总回风道风流中瓦斯浓度应小于 0.75%；开挖面瓦斯浓度大于 1.5% 时，所有人员必须撤至安全地点。

（3）隧洞通风应能提供洞内各项作业所需的最小风量。每人应供应新鲜空气 3 m³/min，采用内燃机械作业时，供风量不宜小于 4.5 m³/（min·kW）。全断面开挖时风速不应小于 0.15 m/s，导洞内不应小于 0.25 m/s，但均不应大于 6 m/s。

7.1.4　施工通风标准的选择

7.1.4.1 钻爆法施工通风标准

上述规范均为钻爆法施工的相关规定，除个别参数相差较大外，其余均较接近，选择如下：

1. 最小风速

《水利水电工程施工组织设计规范》（SL 303—2017）规定工作面附近最小风速不应低于 0.25 m/s；《水工建筑物地下开挖工程施工规范》（SL 378—2007）规定工作面附近最小风速不应低于 0.15 m/s；《公路隧道施工技术规范》（JTG F60—2009）均规定全断面开挖时，风速不应小于 0.15 m/s，分部开挖或导洞开挖时风速不应小于 0.25 m/s。建议无论全断面还是分部开挖、导洞开挖，最小风速均取 0.25 m/s。

2. 工作人员需风量

上述各规范对施工人员需风量规定一致，均为 0.05 m³/s（3 m³/min），取 0.05 m³/s。

3. 柴油机械需风量

《水利水电工程施工组织设计规范》（SL 303—2017）规定采用柴油机械施工时，需风量可按 0.068 m³/s（4.08 m³/min）计算；《水工建筑物地下开挖工程施工规范》（SL 378—2007）规定洞内使用柴油机械时，可按每千瓦每分钟消耗 4 m³ 风量计算；

《公路隧道施工技术规范》（JTG F60—2009）规定采用内燃机械作业时，供风量不宜小于 4.5 m^3/（min·kW）。三部规范对内燃机械需风量的规定差别相对较大，其中两部规范规定为 4 m^3/min 左右。在施工通风计算中，需风量的两种单位 m^3/s 和 m^3/min 均常采用，建议每千瓦柴油设备需风量采用 m^3/s 计算时取 0.068 m^3/s，采用 m^3/min 计算时取 4 m^3/min。

4. 漏风系数

《水利水电工程施工组织设计规范》（SL 303—2017）规定：计算通风量时，应根据通风方式和长度考虑漏风增加值，漏风系数可取 1.20~1.45。《水工建筑物地下开挖工程施工规范》（SL 378—2007）规定：计算通风量时，洞室通风系统漏风系数可按 1.20~1.45 选取，对于较长洞室可视洞室长度专门研究确定。《公路隧道施工技术规范》（JTG F60—2009）未对其做专门规定。上述规范的漏风系数取值范围仅适用于通风长度约 2 km 以内的工作面，而深埋长隧洞各工作面通风长度均大于这一数值，故该系数不适用。深埋长隧洞施工通风漏风系数根据通风管特性和通风长度计算确定。

5. 高程修正系数

《水利水电工程施工组织设计规范》（SL 303—2017）和《水工建筑物地下开挖工程施工规范》（SL 378—2007）都将柴油机械高程修正的起点高程拟定为 1 000 m，对于深埋长隧洞而言，因隧洞独头工作面长、沿程漏风量大，若高程 1 000 m 以下不进行修正，可能导致供风量不足的情况。对于深埋长隧洞而言，建议将柴油机械需风量高程修正的起点高程拟定为 500 m。

随着海拔的上升，空气中氧气含量降低，因燃料燃烧不充分，单位功率内燃机械运行产生的有害气体相应增多，稀释内燃机械产生的有害气体所需风量增加。当工程区海拔大于 500 m 时，这一现象较为明显，故应对其进行修正。《水利水电工程施工组织设计手册》中拟定的柴油设备需风量高程—修正系数关系见图 7-1。

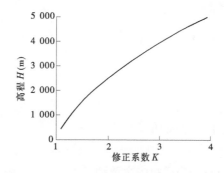

图 7-1　柴油机械需风量高程—修正系数关系

为了方便计算，将其拟合为二次函数：

$$K = (0.000\ 000\ 06) \times H^2 + 0.000\ 3 \times H + 0.875 \tag{7-1}$$

式中　K——柴油机械需风量高程修正系数；

　　　H——海拔。

K 值也可按表 7-1 插值计算。

表 7-1　柴油机械需风量高程修正系数

高程（m）	500	1 000	1 500	2 000	2 500	3 000	3 500	4 000	4 500	5 000
修正系数	1.04	1.24	1.46	1.72	2.00	2.32	2.66	3.04	3.44	3.88

7.1.4.2　TBM 施工通风标准

目前尚无 TBM 施工通风的相关规范，建议按下列内容选取：

1. 最小风速

《水工建筑物地下开挖工程施工规范》（SL 378—2007）规定：通风系统应进行专门设计，工作面附近的风速应不低于 0.25 m/s。

在 TBM 设备招标实务中，对通风系统的要求常表述为"洞内回风速度不低于 0.5 m/s"。因 TBM 在破岩过程中将产生大量的热量，TBM 通风的一个目的是携带走 TBM 破岩产生的热量。编者认为通风系统按洞内回风速度不低于 0.5 m/s 计算更为合理，即最小风速取 0.5 m/s。

对 TBM 施工而言，最小风速对应的隧洞断面面积与 TBM 机型有关，采用敞开式 TBM 时，为了稳妥且不失一般性，建议以开挖断面面积作为计算需风量的断面面积；采用护盾式 TBM 时，以管片衬砌后净断面面积作为计算需风量的断面面积。

2. 漏风系数

TBM 施工所采用的通风管单节管长度一般在 200 m 以上，是钻爆法施工的通风管单节长度的数倍，其材质也较好，故其漏风系数远低于钻爆法施工通风管的漏风系数。深埋长隧洞施工通风漏风系数根据通风管特性和通风长度确定。

3. 其他标准

其他标准可参照前述相关规范参考钻爆法施工选取。

7.2　施工通风设备

7.2.1　通风机

7.2.1.1　通风机的主要种类

深埋长隧洞施工通风一般采用轴流风机或对旋式轴流风机，轴流风机风量较大而风压相对较小，对旋式轴流风机（见图 7-2）通过一对叶片的反向旋转获得较大的风压，但其风量相对较小。

7.2.1.2　通风机参数

1. 风机流量

风机的流量一般是指单位时间内通过风机入口空气的体积（无特殊说明时均指在标准状态下），其单位为 m^3/s 或 m^3/min。

2. 风机全压

风机全压是风机对空气做功，其值等于每立方米空气前进 1 m 距离消耗的能量，单

图 7-2　对旋式轴流风机内部

位为 Pa。

3. 风机功率

风机功率通常指以风机全压计算的输出功率，单位为 kW。

4. 风机效率

风机的效率是指风机输出功率与输入功率之比，以百分数表示。

TBM 施工通风多采用进口风机，柯夫曼 AL 型轴流风机技术参数见表 7-2，柯夫曼 GAL 型对旋式轴流风机参数见表 7-3。

7.2.1.3　通风机工况点选择

根据计算所得风机功率选定风机后，还应根据风机特性曲线选择其工况点。风机在工况点运行时，应既安全又经济，为达到此效果，通风机实际工作风压不得超过最高风压的 90%，通风机的效率不应低于 60%。轴流风机的工作点位于 90% 最大风压的连线与效率等于 0.6 的等效曲线所夹区间内。

7.2.1.4　通风机的串联与并联

当通风系统设计总风压大于单台风机的风压时，可采用几台风机串联使用，所得通风机组总风压为几台风机风压之和；当通风系统设计总风量大于单台风机的风量时，可将几台风机并联使用，所得通风机组总风量为几台风机风量之和。

7.2.2　通风管

7.2.2.1　通风管的种类

隧洞通风中常用通风管有软风管、硬风管和伸缩性风管，TBM 施工隧洞中一般采用软风管，其管壁一般采用涂塑或浸塑布制成，基布为涤纶、维纶等纺织物，其质量小，漏风少。

表 7-2　柯夫曼 AL 型轴流风机参数

类型	功率（kW）	体积流量（m³/s）	总压力（Pa）
(d) AL10-300	30.0	15.0~26.0	1 300~660
(d) AL12-450	45.0	20.0~33.0	1 540~520
(d) AL12-550	55.0	25.0~38.0	1 700~700
(d) AL12-750	75.0	30.0~43.5	1 800~900
(d) AL14-900	90.0	30.0~50.0	2 200~600
(d) AL14-1100	110.0	32.0~53.0	2 400~700
(d) AL16-900	90.0	35.0~59.0	2 350~600
(d) AL16-1100	110.0	36.0~63.0	2 150~550
(d) AL16-1320	132.0	41.0~67.0	2 450~650
(d) AL16-1600	160.0	46.0~74.0	2 750~820
(d) AL17-1600	160.0	40.0~77.0	2 500~700
(d) AL17-2000	200.0	55.0~88.0	2 950~900
(d) AL17-2500	250.0	64.0~97.0	3 000~1 100
(d) AL17-3100	315.0	72.0~106.0	3 250~1 300
(d) AL18-3150	315.0	50.0~100.0	4 200~600
(d) AL18-4500	450.0	62.0~116.0	4 500~800
(d) AL18-5000	500.0	73.0~133.0	4 750~1 100
(d) AL18-6300	630.0	90.0~150.0	5 200~1 350

表 7-3　柯夫曼 GAL 型对旋式轴流风机参数

类型	功率（kW）	体积流量（m³/s）	总压力（Pa）
(d) GAL9-550/550	2×55.0	11.0~21.0	6 600~700
(d) GAL12-450/450	2×45.0	18.0~31.5	3 900~650
(d) GAL12-550/550	2×55.0	21.0~37.5	4 200~700
(d) GAL14-900/900	2×90.0	27.0~46.0	5 100~550
(d) GAL14-1100/1100	2×110.0	30.0~50.0	5 500~700

7.2.2.2　胀破安全系数

通风管胀破安全系数是通风管最大耐压值与相应直径通风管允许耐压值之比，国内尚无规范对此做出相关规定。瑞士工程师协会规范 SIA 196 对此的规定为：胀破安全系数不低于 10。

鉴于深埋长隧洞施工往往需进行高压通风,若发生爆管,将对洞内施工人员的安全造成威胁,建议业界对此引起重视,并做出相应规定。

鉴于瑞士工程师协会规范 SIA 196 规定的胀破安全系数过大,与国内实际情况相去甚远,若采用此系数,深埋长隧洞的施工通风设计将无从进行,经咨询国际知名通风设备制造商并结合国内工程实际应用情况,建议暂将其定为 3.0~5.0,压力高时取大值,压力低时取小值。

7.2.2.3 通风管主要参数

1. 通风管运行压力

通风管运行压力为通风管最大耐压值与胀破安全系数的比值,柯夫曼软风管胀破压力见表 7-4、运行压力见表 7-5。

表 7-4 柯夫曼软风管胀破压力 （单位：kPa）

序号	直径 (mm)	型号				
		SL-PFD-II	SL-PFD-TIII	SL-PFD-TII	SL-PFD-I	SL-PFD-TI
1	1 000	48.00	56.00	80.00	104.00	120.00
2	1 100	43.64	50.91	72.73	94.55	109.09
3	1 200	40.00	46.67	66.67	86.67	100.00
4	1 300	36.92	43.08	61.54	80.00	92.31
5	1 400	34.29	40.00	57.14	74.29	85.71
6	1 500	32.00	37.33	53.33	69.33	80.00
7	1 600	30.00	35.00	50.00	65.00	75.00
8	1 700	28.24	32.94	47.06	61.18	70.59
9	1 800	26.67	31.11	44.44	57.78	66.67
10	1 900	25.26	29.47	42.11	54.74	63.16
11	2 000	24.00	28.00	40.00	52.00	60.00
12	2 100	22.86	26.67	38.10	49.52	57.14
13	2 200	21.82	25.45	36.36	47.27	54.55
14	2 300	20.87	24.35	34.78	45.22	52.17
15	2 400	20.00	23.33	33.33	43.33	50.00
16	2 500	19.20	22.40	32.00	41.60	48.00
17	2 600	18.46	21.54	30.77	40.00	46.15
18	2 800	17.14	20.00	28.57	37.14	42.86
19	3 000	16.00	18.67	26.67	34.67	40.00
20	3 200	15.00	17.75	25.00	32.50	37.50

表 7-5 柯夫曼软风管运行压力 （单位：kPa）

序号	直径（mm）	型号				
		SL-PFD-II	SL-PFD-TIII	SL-PFD-TII	SL-PFD-I	SL-PFD-TI
1	1 000	16.00	17.39	20.57	22.81	24.00
2	1 100	14.55	15.81	18.70	20.73	21.82
3	1 200	13.33	14.49	17.14	19.01	20.00
4	1 300	12.31	13.38	15.82	17.54	18.46
5	1 400	11.43	12.42	14.69	16.29	17.14
6	1 500	10.67	11.59	13.71	15.20	16.00
7	1 600	10.00	10.87	12.85	14.25	15.00
8	1 700	9.41	10.23	12.10	13.42	14.12
9	1 800	8.89	9.66	11.42	12.67	13.33
10	1 900	8.42	9.15	10.83	12.00	12.63
11	2 000	8.00	8.70	10.28	11.40	12.00
12	2 100	7.62	8.28	9.79	10.86	11.43
13	2 200	7.27	7.90	9.35	10.37	10.91
14	2 300	6.96	7.56	8.94	9.92	10.43
15	2 400	6.67	7.25	8.57	9.50	10.00
16	2 500	6.40	6.96	8.23	9.12	9.60
17	2 600	6.15	6.69	7.91	8.77	9.23
18	2 800	5.71	6.21	7.34	8.14	8.57
19	3 000	5.33	5.80	6.86	7.60	8.00
20	3 200	5.00	5.51	6.43	7.13	7.50

2. 摩阻系数

通风管摩阻系数主要取决于其内壁的相对光滑度，瑞士把通风管分成 S、A、B 三个等级，其摩擦系数分别为 0.015、0.018 和 0.024。

3. 百米漏风率

百米漏风率是施工通风设计中的一个关键参数，是风流在 100 m 距离的行进过程中从通风管中漏出的空气体积与该 100 m 起始断面处通过的风流体积之比，通常用 P_{100} 表示。

国外通风设备制造商通常用有效漏风面积（mm^2/m^2）来表示漏风率，并以此指标进行计算，S、A、B 级风管的漏风率分别为 5 mm^2/m^2、10 mm^2/m^2 和 20 mm^2/m^2。

TBM 施工通风管单节长度一般在 200 m 以上，其百米漏风率相对较小，根据 TBM 隧洞施工实际工程经验，百米漏风率一般在 6‰左右，本书计算案例也采用此值。

7.2.2.4　通风管选用

TBM 施工通风均采用 S 级软风管，在施工断面允许前提下，尽可能选用较大直径通风管，与风机邻近的通风管运行压力应大于通风机组全压，随着通风管向掘进方向延伸，其所承受的压力越来越小，因此同一通风系统可分段配置不同耐压值的风管，以节省投资。

7.3　施工通风计算参数及公式

7.3.1　施工通风自然环境参数

7.3.1.1　气压

根据《火力发电厂燃烧系统计算技术规程》（DL/T 5240—2010），大气压与海拔高度的关系有如下经验公式：

$$p_a = 101.3 \times \left[1 - 0.025\,5 \times \frac{H}{1\,000} \left(\frac{6\,357}{6\,357 + \dfrac{H}{1\,000}} \right) \right]^{5.256} \qquad (7\text{-}2)$$

式中　p_a——当地平均大气压，kPa；

　　　H——当地海拔高度，m。

7.3.1.2　空气的密度

根据热力学方程可推导出干空气的密度公式如下：

$$\rho = \rho_0 \times \frac{273}{273 + t} \times \frac{p}{0.101\,3} \qquad (7\text{-}3)$$

式中　ρ——在温度 t 与压力 p 状态下干空气的密度，kg/m^3；

　　　ρ_0——在 0 ℃、0.101 3 MPa 压力状态下干空气的密度，$\rho_0 = 1.293$ kg/m^3；

　　　t——空气的温度，℃；

p——空气的压力，MPa。

一般而言，空气中均含有少量水蒸气，湿空气的密度按下式计算：

$$\rho' = \rho_0 \times \frac{273}{273 + t} \times \left(\frac{p - 0.037\,8\varphi p_b}{0.101\,3}\right) \tag{7-4}$$

式中　ρ'——湿空气的密度，kg/m³；

　　　φ——空气相对湿度，%；

　　　p_b——湿空气在温度 t 时饱和空气中水蒸气的分压力，MPa；

　　　其他符号意义同前。

在工程设计过程中，湿空气密度计算所需的参数难以获得，可操作性差；且对比两式可知，其计算结果仅会有微小差别，故建议采用干空气密度公式计算空气的密度。

7.3.2　施工通风计算公式

7.3.2.1　百米漏风率公式

1. 平均百米漏风率

$$P_{100} = \frac{Q_f - Q_0}{Q_f \times L}\% \tag{7-5}$$

式中　P_{100}——管路平均百米漏风率；

　　　Q_f——风机供风量，m³/s；

　　　Q_0——管路末端风量，m³/s；

　　　L——管路长度，m。

2. 高木英夫理论

$$Q_0 = Q_f e^{-ZL} \tag{7-6}$$

式中　Z——漏风特性系数；

　　　其他符号意义同前。

高木英夫理论的实质是管路各处的百米漏风率值为定值。

3. 青函隧道理论

$$Q_f = \frac{Q_0}{(1 - \beta)^{\frac{L}{100}}} \tag{7-7}$$

式中　β——百米漏风率平均值；

　　　其他符号意义同前。

4. 沃洛宁理论

$$\left.\begin{array}{l} Q_f = \phi Q_0 \\ \phi = \left(1 + \frac{1}{3}dmk\sqrt{R_0}\,L^{1.5}\right)^2 \end{array}\right\} \tag{7-8}$$

式中　ϕ——管道漏风备用系数;

　　　d——风管直径, m;

　　　R_0——单位长度管路风阻, kg·s²/m⁹;

　　　m——单位长度管路风管接头数;

　　　k——每个接头的漏风系数;

　　　其他符号意义同前。

　　青函隧道理论采用百米漏风率平均值, 便于测定, 计算漏风量时考虑了沿程风量的变化, 更接近实际, 故建议采用青函隧道理论进行漏风计算。

7.3.2.2　通风机全压公式

1. 通风管沿程阻力

根据上述百米漏风率公式, 距出风口距离 x 处通风管内风量为

$$Q_x = Q_0(1-\beta)^{\frac{-x}{100}} \qquad (7-9)$$

式中　Q_x——距出风口 x 处的风量, m³/s;

　　　Q_0——出风口风量, m³/s;

　　　其他符号意义同前。

　　通风管某断面风速计算简图见图 7-3, 则距出风口 x 处的通风管内风速为

$$v_x = \frac{Q_x}{A} = \frac{Q_0(1-\beta)^{\frac{-x}{100}}}{A} \qquad (7-10)$$

式中　v_x——距出风口 x 处的通风管内风速, m/s;

　　　其他符号意义同前。

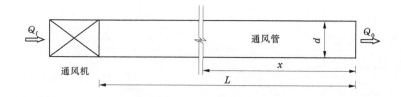

图 7-3　通风管某断面风速计算简图

　　管路的摩擦阻力是风流与通风管壁摩擦及空气分子间的扰动和摩擦而产生的能量损失, 距出风口 x 处的管路摩擦阻力为

$$h_x = \frac{\lambda}{d} \cdot \frac{v_x^2}{2}\rho \qquad (7-11)$$

式中　h_x——距出风口 x 处的管路摩擦阻力, Pa;

　　　λ——摩擦系数;

　　　d——通风管直径, m;

　　　其他符号意义同前。

则通风管路沿程摩擦阻力可表示为

$$h_f = \lambda \frac{\rho}{2d} \int_0^L v_x^2 \mathrm{d}x \tag{7-12}$$

式中符号意义同前，积分得通风管路沿程通风阻力公式如下：

$$h_f = \frac{400\lambda\rho}{\pi^2 d^5} \cdot \frac{1-(1-\beta)^{-\frac{2L}{100}}}{\ln(1-\beta)} Q_0^2 \tag{7-13}$$

2. 通风管路局部阻力

风流流经突然扩大或缩小、转弯、交叉等处管路时，会产生能量消耗。通风管路突然扩大或缩小时的局部通风阻力按下式计算：

$$h_j = \xi \cdot \frac{v^2}{2d} \rho \tag{7-14}$$

式中　h_j——通风管局部通风阻力，Pa；

　　　ξ——局部阻力系数，管道入口取 0.6，管道出口取 1.0；

　　　其他符号意义同前。

3. 通风机全压

若不考虑风机进口损失，风机全压为

$$h_t = \frac{400\lambda\rho}{\pi^2 d^5} \cdot \frac{1-(1-\beta)^{-\frac{2L}{100}}}{\ln(1-\beta)} Q_0^2 + \frac{\rho}{2}\left(\frac{Q_0}{A}\right)^2 \tag{7-15}$$

化简即为

$$h_t = \left[\frac{400\lambda\rho}{\pi^2 d^5} \cdot \frac{1-(1-\beta)^{-\frac{2L}{100}}}{\ln(1-\beta)} + \frac{8\rho}{\pi^2 d^4}\right] Q_0^2 \tag{7-16}$$

式中　h_t——通风机全压，Pa；

　　　其他符号意义同前。

7.3.2.3　通风机功率公式

通风机输入电功率按下式计算：

$$N_v = \frac{h_t Q_f}{1\,000\eta_t \eta_m \eta_{tr}} \tag{7-17}$$

式中　N_v——通风机输入电功率，kW；

　　　η_t——风机全压效率，可取 0.82；

　　　η_m——电动机效率，可取 0.93；

　　　η_{tr}——传动效率，直联时可取 1.0；

　　　其他符号意义同前。

7.4　施工通风计算

7.4.1　施工通风计算步骤

本书以支洞作为施工通道的 TBM 掘进工作面为例说明其施工通风计算过程。支洞采用钻爆法施工，主洞采用护盾式 TBM 施工，主、支洞交叉段设 TBM 服务洞，材料采用汽车运输，在 TBM 服务洞转为有轨运输。一级通风机布置于支洞洞口，二级通风机布置于 TBM 服务洞，若经计算，二级通风系统仍不能满足施工通风要求，则考虑采用双机车牵引。其主要计算步骤如下：

（1）计算工程区气压、空气密度、柴油机械需风量高程修正系数。

（2）按通风管直径最大化原则选择确定主洞及支洞通风管直径，确定通风管相关参数。

（3）根据 TBM 掘进工作面最多作业人员数量计算人员需风量。

（4）确定 TBM 附近内燃机车功率利用系数及内燃机车总功率。

（5）计算 TBM 附近内燃机车需风量，并计算其与作业人员需风量之和。

（6）按 TBM 施工洞内最小风速计算需风量，并与柴油机械+作业人员需风量比较，选其大者作为掘进工作面需风量（第二级通风系统出风口风量）。

（7）以出风口风量计算第二级通风系统供风量。

（8）计算二级通风系统范围内全部人员和内燃机械需风量作为二级通风系统供风量。

（9）取第(7)步和第(8)步计算结果之大者作为二级通风系统供风量。

（10）以第(9)步确定的二级通风系统供风量计算出风口实际出风量。

（11）以出风口实际出风量计算二级通风系统通风机组全压，并与相应通风管容许耐压值比较，判断二级通风系统的布置是否可行。

（12）当二级通风系统的布置可行时，按第(13)~(18)步继续计算。

（13）计算 TBM 服务洞作业人员需风量和柴油设备需风量，并与第二级通风机组实际供风量相加，作为第一级通风系统出风口风量。

（14）根据第一级通风系统实际出风口风量计算第一级通风系统供风量。

（15）计算全洞作业人员和内燃机械总需风量作为第一级通风系统供风量。

（16）取第(14)步、第(15)步计算结果之大者作为第一级通风系统通风机组实际供风量。

（17）以确定后的第一级通风系统实际供风量计算第一级通风系统出风口风量、风机全压。

（18）比较第一级通风系统风机全压与相应通风管直径的容许耐压值的大小，判断第一级通风系统是否可行，若不可行可适当增大支洞断面，并相应增大通风管直径。

（19）当第(12)步确定二级通风系统布置不可行时，把单一的内燃机车牵引列车运输方案修改为内燃机车、蓄电池机车双机车牵引列车运输方案，并按第（4）~（18）步重新计算。

7.4.2　施工通风计算

7.4.2.1　采用内燃机车的施工通风

1. 公用参数计算

（1）根据支洞口高程按前述公式计算工程区气压 p_a；

（2）根据工程区气压按前述公式计算空气密度 ρ；

（3）根据支洞口高程计算柴油机械需风量高程修正系数 K。

2. 按通风管直径最大化原则确定通风管直径 d_m

根据流体力学理论，空气在风管中流动受到的阻力与其直径的 5 次方成反比，即通风管直径越大风阻越小，风机功率也相应减小。因此，在隧洞断面允许的前提下，应尽量采用较大直径通风管（通风管最大直径可达 3.2 m）。

TBM 施工单节通风管长度一般为 200~400 m，整节通风管轴向叠放储存于风带盘中，TBM 向前掘进时，柔性通风管从风带盘中逐渐抽出，在其被全部抽出前，需从洞外运入一个装满风带的风带盘，以替换掉已用完的空风带盘，实现 TBM 的连续掘进。风带盘采用材料运输车运输，其尺寸即为施工过程中的最大运输尺寸。

TBM 施工时，其后配套尾部拖行一个加利福尼亚道岔形成双轨段，以减少后车等待时间。道岔高度（从隧洞轨面至道岔轨面）约 0.50 m，该处即为施工运输的控制性断面，以该断面计算出的通风管最大直径即为通风管最大化直径。TBM 施工隧洞通风管最大直径计算公式为

$$d_m = d_n - h_c - h_r - h_s - h_p - h_d - h_h - h_o \tag{7-18}$$

式中　d_m——通风管最大直径，m；

　　　d_n——TBM 施工隧洞支护后净直径，m，敞开式 TBM 为一次支护后直径，护盾式 TBM 为管片衬砌内径；

　　　h_c——轨枕顶面或底管片平台距洞底高度，m；

　　　h_r——轨道高度，m，采用 43 kg/m 轨道，h_r 取 0.14 m；

　　　h_s——加利福尼亚道岔高度，m，可取 0.50 m；

　　　h_p——材料车高度，m；

　　　h_d——风带盘高度，m，等于 d_m+0.1 m；

　　　h_h——通风管悬挂及下垂高度，m，可取 0.15 m；

　　　h_o——通风管与周边物体最小距离，m，一般不小于 0.30 m。

护盾式 TBM 施工的内径 5.1 m 隧洞通风控制断面布置见图 7-4。

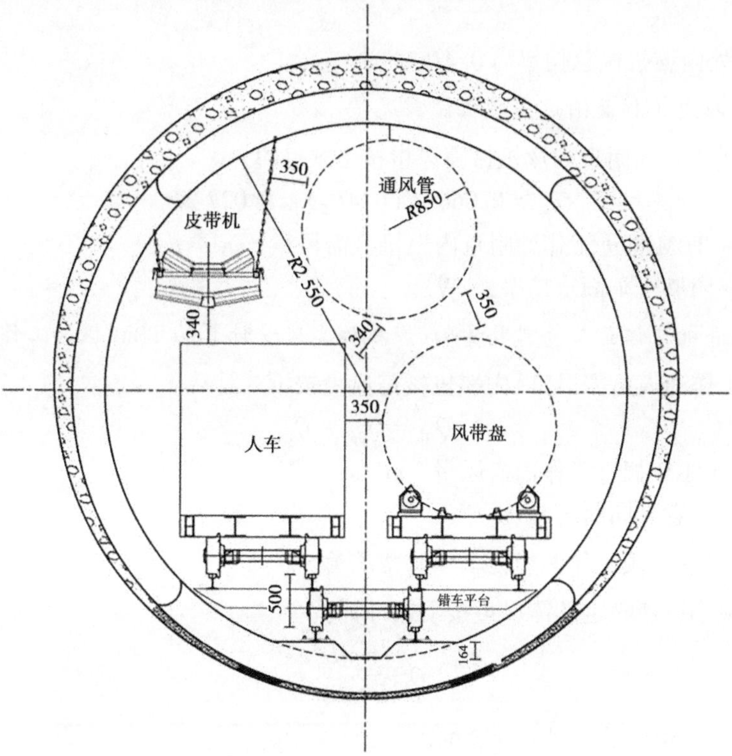

图 7-4　施工通风控制断面布置示意图　　（单位：cm）

3. 通风管相关系数

（1）通风管采用 S 级风管，摩擦系数 λ 取 0.015。

（2）百数漏风率 β 取 0.006。

（3）查表 7-5 可得 d_m 对应的通风压力 p_m。

4. TBM 掘进工作面作业人员需风量

掘进工作面作业人员需风量按下式计算：

$$Q_{0p} = 0.05 K_p N_{0p} \tag{7-19}$$

式中　Q_{0p}——掘进工作面作业人员需风量，m^3/s；

　　　K_p——人员需风量高程修正修数；

　　　N_{0p}——掘进工作面最多作业人员数量，人。

5. TBM 处内燃机车功率利用系数及柴油机械总功率

TBM 附近最多有两列车工作，前车卸车时，后车在加利福尼亚道岔处等待。从前述计算公式可知，内燃机车功率利用系数 η 与其行驶速度成正比。列车进入 TBM 后配套低速运行或处于怠速状态，运行工况较为复杂。此外，停放在加利福尼亚道岔处的列车的机车部分时间内也处于怠速状态。内燃机车怠速状态耗油量约为正常工作状态的

20%，为简化计算，将 TBM 后配套处的两列车简化为一列车，功率利用系数按 0.4 计算。

则 TBM 处内燃机械总功率为 $0.4P_L$。

6. TBM 掘进工作面附近内燃机械需风量

TBM 掘进工作面附近内燃机械需风量按下式计算：

$$Q_{0d} = 0.068 \times (0.4P_L) = 0.027\,2P_L \tag{7-20}$$

式中　Q_{0d}——TBM 掘进工作面附近内燃机械需风量，m^3/s；

　　　P_L——内燃机车额定功率，kW。

7. 按掘进机工作面人员需风量+内燃机械需风量计算的 TBM 掘进工作面需风量

掘进机工作面人员需风量+内燃机械需风量按下式计算：

$$Q_{01} = Q_{0p} + Q_{0d} \tag{7-21}$$

式中　Q_{01}——TBM 掘进工作面需风量，m^3/s；

　　　其他符号意义同前。

8. 按洞内最小风速计算掘进工作面需风量

以洞内最小风速确定的需风量按下式计算：

$$Q_{02} = \frac{\pi D_n^2 v}{4} \tag{7-22}$$

式中　Q_{02}——按洞内最小风速计算的需风量，m^3/s；

　　　D_n——隧洞一次支护或管片衬砌后净直径，m；

　　　v——洞内最小速度，m/s，取 0.5 m/s。

9. TBM 施工需风量

TBM 施工需风量取人员+内燃机械功率计算的 TBM 掘进工作面需风量、洞内最小风速计算的需风量的大值，按下式选取：

$$Q_0 = \text{Max}(Q_{01}, Q_{02}) \tag{7-23}$$

式中　Q_0——TBM 掘进工作面需风量，m^3/s；

　　　其他符号意义同前。

10. 按 TBM 掘进工作面需风量计算二级通风系统通风机组供风量

$$Q_{f2-1} = \frac{Q_0}{(1 - \beta)^{\frac{L_2}{100}}} \tag{7-24}$$

式中　Q_{f2-1}——二级通风系统通风机组供风量，m^3/s；

　　　L_2——二级通风系统通风管长度，m。

11. 按二级通风系统范围内全部人员及内燃机械总需风量计算二级通风系统供风量

若忽略沿程工作人员数量，人员需风量仍为 Q_{0p}；根据工程经验，内燃机车数量按每 4 km 一台计算，根据内燃机车平均速度及工程经验，其功率利用率建议按 0.6 计算，则内燃机车需风量按下式计算：

$$Q_{2d} = 0.068 \times (0.4P_L) + 0.068 \times (0.6P_L) \times (L_2/4)$$

简化为

$$Q_{2d} = 0.027\,2P_L + 0.010\,2P_L L_2 \tag{7-25}$$

式中　Q_{2d}——二级通风系统范围内燃机械需风量，m^3/s；

　　　L_2——二级通风系统通风管长度，m。

二级通风系统范围内全部人员及内燃设备所需二级通风系统供风量按下式计算：

$$Q_{f2-2} = Q_{0p} + Q_{2d} \tag{7-26}$$

式中　Q_{f2-2}——按二级通风系统范围内全部人员及内燃设备计算的二级通风系统通风机组供风量；

　　　其他符号意义同前。

12.　二级通风系统通风机组供风量

二级通风系统通风机组供风量按下式选取：

$$Q_{f2} = \text{Max}(Q_{f2-1}, Q_{f2-2}) \tag{7-27}$$

13.　计算二级通风系统出风口实际风量 Q_0'

二级通风系统出风口实际风量按下式计算：

$$Q_{0a} = Q_{f2-2}(1-\beta)^{\frac{L_2}{100}} \tag{7-28}$$

式中　Q_{0a}——二级通风系统出风口实际风量，m^3/s；

　　　其他符号意义同前。

二级通风系统出风口设计风量按下式计算：

$$Q_0' = \text{Max}(Q_0, Q_{0a}) \tag{7-29}$$

式中　Q_0'——二级通风系统出风口设计风量；

　　　其他符号意义同前。

14.　计算二级通风系统风机全压

二级通风系统通风机组全压按下式计算：

$$h_{t2} = \left[\frac{400\lambda\rho}{\pi^2 d^5} \cdot \frac{1-(1-\beta)^{-\frac{2L_2}{100}}}{\ln(1-\beta)} + \frac{8\rho}{\pi^2 d^4} \right] Q_0'^2 \tag{7-30}$$

h_{t2}——二级通风系统通风机组全压；

　　　其他符号意义同前。

15.　判断二级通风系统是否可行

若 $h_{t2} \leq p_m$（通风管最大允许风压），则二级通风系统布置可行，按下文 16~22 步继续计算。

若 $h_{t2} > p_m$，则通风系统布置不可行。

16.　计算 TBM 服务洞工作人员和柴油机械需风量

TBM 服务洞工作人员和柴油机械需风量参考掘进工作面需风量计算方法计算，以 Q_{0s} 表示。

17. 计算一级通风系统出风口风量

一级通风系统出风口风量为二级通风系统通风机组供风量与 TBM 服务洞需风量之和,即:

$$Q_s = Q_{f2} + Q_{0s} \tag{7-31}$$

式中　Q_s——一级通风系统出风口风量,m³/s;

其他符号意义同前。

18. 计算一级通风系统通风机组供风量

采用前述公式计算一级通风系统供风量 Q_{f1-1},见下式:

$$Q_{f1-1} = \frac{Q_s}{(1-\beta)^{\frac{L_1}{100}}} \tag{7-32}$$

式中　Q_{f1-1}——根据一级通风系统出风口风量计算的一级通风系统供风量;

L_1——一级通风系统的通风管长度,m;

其他符号意义同前。

19. 计算全洞(含支洞)所有工作人员和全部柴油机械需风量

根据 TBM 掘进进尺,配置支洞柴油运输机械需要量;并计算主支洞柴油机械和作业人员需风量 Q_{f1-2}(根据《水利水电工程施工组织设计手册》经验数据,洞内同时工作的柴油机械,其功率利用系数取 0.6)。

20. 确定一级通风系统通风机供风量

一级通风系统通风机供风量按下式选取:

$$Q_{f1} = \text{Max}(Q_{f1-1}, Q_{f1-2}) \tag{7-33}$$

式中　Q_{f1}——一级通风系统通风机供风量,m³/s;

其他符号意义同前。

21. 计算一级通风系统风机全压

按前述公式计算一级通风系统风机全压 h_{t1}。

22. 判定一级通风系统可行性

若 $h_{t1} \leqslant p_m$,则通风系统布置可行;若 $h_{t1} > p_m$,则通风系统布置不可行,此时可适当扩大支洞洞径。

23. 通风机功率计算

一级、二级通风机各自分别取值计算输入功率,按下式计算:

$$N = \frac{h_t Q_f}{1\,000\eta_t \eta_m \eta_{tr}} \tag{7-34}$$

式中　N——通风机输入功率,kW;

η_t——风机全压效率,取 0.82;

η_m——电动机效率,取 0.93;

η_{tr}——传动效率，直联时取 1.0；

其他符号意义同前。

7.4.2.2　采用内燃机车、蓄电池机车的双机车施工通风

根据 7.4.2.1 中 1~15 步计算，当判定二级通风系统不可行时，可采用双机车牵引列车。

采用双机车牵引列车时，掘进工作面列车可采用蓄电池机车牵引，TBM 附近无内燃机械。

采用双机车牵引方案时，因列车回程时采用蓄电池机车牵引，相当于内燃机车数量减半。

其他计算步骤均同上节。

锂电蓄电池机车参数见表 7-6 和表 7-7。

表 7-6　12~18 t 锂电蓄电池机车参数

型号		CTY12/6、7、9G（B）	CTY15/6、7、9G（B）	CTY18/6、7、9G（B）
黏重		12 t	15 t	18 t
轨距		600、762 或 900 mm	600、762 或 900 mm	600、762 或 900 mm
牵引力		16.48 kN	18.47 kN	29.4 kN
最大牵引力		29.43 kN	36.18 kN	44.15 kN
速度		8.7 km/h	9.6 km/h	9.8 km/h
电源装置	电压	192 V	256 V	208 V
	容量	560 Ah	620 Ah	730 Ah
电机功率×台数		22 kW×2、30 kW×2	30 kW×2	45 kW×2
尺寸	长度（带碰头）	5 100 mm	5 200 mm	5 100 mm
	宽度	1 212 或 1 350 mm	1 500 mm	1 500 mm
	高度（自轨面）	1 800 mm	1 920 mm	1 900 mm
	轴距	1 220 mm	1 400 mm	2 100 mm
	轮径	ϕ 680 mm	ϕ 680 mm	ϕ 600 mm
最小转弯半径		10 m	15 m	20 m
调速方式		变频或斩波调速	变频或斩波调速	变频或斩波调速
制动方式		机械、电气、气制动	机械、电气、气制动	机械、电气、气制动

表 7-7　25~45 t 锂电蓄电池机车参数

型号	CTY25/7、9（208 V）	CTY35/7、9（208 V）	CTY45/7、9（208 V）
黏重	25 t	35 t	45 t
轨距	762 或 900 mm	762 或 900 mm	762 或 900 mm
启动牵引力	64 kN	91 kN	120 kN
正常牵引力	50 kN	72 kN	96 kN
机车制动力	55 kN	80 kN	100 kN
速度	10.5 km/h	10.5 km/h	8 km/h
电源装置　电压	208 V	208 V	208 V
电源装置　容量	620 Ah	620 Ah	620 Ah
电机功率×台数	75 kW×2	100 kW×2	100 kW×2
轴距	2 200 mm	2 600 mm	2 600 mm
最小转弯半径	15 m	25 m	25 m
调速方式	电阻或斩波调速、变频	电阻或斩波调速、变频	电阻或斩波调速、变频
制动方式	机械、气制动	机械、气制动	机械、气制动

表 7-6 和表 7-7 所列锂电蓄电池机车系列已基本满足各种洞径 TBM 施工运输需要，锂电蓄电池价格较高，但其寿命却长很多，且可免维护。蓄电池机车可配备防爆型的充电车，其长度仅 2 m，直径约 0.7 m，充电时间约 2 h。蓄电池机车应用于深埋长隧洞的 TBM 施工在技术上可行，不足之处是其续航里程短，约可连续运行一个多小时，若所有机车均采用蓄电池机车，运输距离较长后，每往返一趟即需更换一次电池，增大了运输管理难度，也在一定程度上影响施工进度。因此，在此种情况下建议采用双机车运输，内燃机车用于启动、制动和重车的牵引，蓄电池机车用于轻车的牵引。每台蓄电池机车配两套电池，一用一充，循环更换，即可解决其续航里程不足的问题。

蓄电池也可采用铅酸蓄电池，铅酸蓄电池技术成熟、价格便宜，但使用寿命短，维护工作量大，本书不建议采用。

7.4.3　解决长距离独头施工通风的途径

7.4.3.1　隧洞采用敞开式 TBM 或 DSU-C 施工

若已采取了双机车牵引列车措施，二级通风仍不可行，此时可在 TBM 掘进段中部及 TBM 服务洞内分别建设充电站，全洞采用蓄电池机车牵引。

7.4.3.2　隧洞采用护盾式 TBM 施工

若已采取双机车牵引列车措施，二级通风仍不可行，且主洞沿线地下水不丰富、TBM 顺坡掘进风险较小，TBM 可分别自主支洞交叉点向大、小桩号方向各掘进 10 km 左右，即 TBM 先逆坡掘进 10 km 左右，拆卸后运至 TBM 服务洞重新组装，然后顺坡掘进 10 km 左右，使二级通风最大独头通风距离由 20 km 降至 10 km 左右，可按正常情况进行通风系统的设计。

7.4.3.3　高压通风

如表 7-5 所列，SL-PFD-T I 型通风管的运行压力约为 SL-PFD-II 型通风管的 1.5 倍，在风压超标的洞段采用 SL-PFD-T I 型通风管可以使通风距离大幅延长，此时通风机功率也会相应加大。若经比较，采用高压通风仍较其他方式合理，可采用高压通风。

7.4.3.4　增设施工通风竖井、斜井

TBM 掘进段中部附近若存在布设较浅竖井或较短斜井的条件，可考虑增设施工通风竖井或斜井。

7.4.4　通风机配置

TBM 施工通风均采用轴流风机或对旋式轴流风机，变频电机驱动。根据通风机性能选择其工作点风量和风压，配置通风机。

轴流风机具有流量大的特点，对旋式轴流风机具有风压高的特点。第一级通风系统通风机可考虑采用轴流风机，以满足通风系统对风量的要求；第二级通风系统通风机采用对旋式轴流风机，可满足其对风压的要求。

通风系统配置时，通风机串联可提高通风系统供风压力，通风机并联可提高通风系统的供风量。

7.4.5　施工通风计算 Excel 程序

鉴于深埋长隧洞施工通风计算较为复杂，但又极为重要，有时甚至直接关系到整个隧洞布置的可行性，为了方便理解和运用，在此列明通风计算 Excel 程序以显示其计算过程。

以直径 7 m 隧洞作为计算案例，计算目标为实现 22 km 超长距离独头通风。

因隧洞直径为 7 m，其可选用的通风管直径范围较大，但随着通风管直径的增大，其耐压值也相应缩小，因此应合理选择通风管直径，以实现通风距离最大化。

鉴于目标通风长度为 22 km，根据通风工程经验，初选通风管直径 2.4 m，洞口高程为 2 000 m，计算过程见表 7-8。

表 7-8 通风计算程序

序号	项目	计算公式	公式代码	单位	数量
1	第二级通风系统（主洞通风系统）				
1.1	基本计算参数				
1.1.1	隧洞参数				
	主洞长度	L_t		m	17 500
	通风管长度	L_2		m	17 500
	通风机所在支洞洞口高程	E_p		m	2 000
	TBM 开挖直径	D		m	7.00
	隧洞净直径	D_n		m	6.00
	隧洞净断面面积	$A=\pi\left(D_n/2\right)^2$	式-1	m²	28.27
	隧洞回风风速	v		m/s	0.50
1.1.2	通风管参数				
	风管直径	d_m		m	2.40
	风管过流面积	$A_p=\pi\left(d_m/2\right)^2$	式-2	m²	4.52
	百米漏风率	β			0.006

续表 7-8

序号	项目	计算公式	公式代码	单位	数量
	$1-\beta$	$1-\beta$	式-3		0.994
	风管摩擦系数	λ			0.015
	最大允许风压	p_m		Pa	12 000
	风管进口局部阻力系数	ζ_{xi}			0.6
	风管出口局部阻力系数	ζ_{xo}			1.0
1.1.3	需风参数				
	作业人员需风量高程修正系数	K_p			1.4
	每人每分钟需风量	q_p		m³/s	0.05
	柴油机械需风量高程修正系数	$K_d = (0.000\,000\,06)\times E_p^2 + 0.000\,3\times E_p + 0.875$	式-4		1.72
	柴油机械单位功率需风量	q_d		m³/(s·kW)	0.068
1.1.4	环境参数				
	标准状态空气密度	$\rho_0 = 1.293$		kg/m³	1.293
	空气温度	t		℃	20

续表 7-8

序号	项目	计算公式	公式代码	单位	数量
	洞口气压	$p_a = 1.013×10^5×[1-0.025\ 5×H/1\ 000× 6\ 357/(6\ 357+H/1\ 000)]^{5.256}$	式-5	Pa	76 941
	洞口空气密度	$\rho=\rho_0×273/(273+t)×p/0.101\ 3$	式-6	kg/m³	0.92
1.2	按人员和柴油机械计算掘进工作面需风量				
1.2.1	掘进工作面人员需风量				
	工作面作业人数	N_{0p}		人	40
	掘进作业面人员需风量	$Q_{0p}=0.05K_pN_{0p}$	式-7	m³/s	2.8
1.2.2	掘进工作面柴油机械需风量				
	内燃机车单车功率	P_L		kW	172
	掘进工作面内燃机车数量			台	2
	掘进工作面内燃机车功率利用系数	η_{f1}			0.4
	掘进工作面内燃机车同时利用系数	η_{f2}			1
	掘进工作面内燃机车的需风量	$Q_{0d}=0.027\ 2N_L$	式-8	m³/s	16.05
1.2.3	按人员和柴油机械计算的掘进工作面需风量	$Q_{0l}=Q_{0p}+Q_{0d}$	式-9	m³/s	18.85

续表 7-8

序号	项目	计算公式	公式代码	单位	数量
1.3	按洞内回风速计算作业面需风量	$Q_{02} = Av$	式-10	m³/s	14.14
1.4	第二级风机风量				
1.4.1	按掘进工作面需风量计算风机风量				
	掘进工作面需风量	$Q_0 = \mathrm{Max}(Q_{01}, Q_{02})$	式-11	m³/s	18.85
	按掘进工作面风量计算的二级风机风量	$Q_{f2-1} = Q_0(1-\beta)^{-L/100}$	式-12	m³/s	54.03
1.4.2	按风机前方人员、柴油机械计算风机风量				
	沿程机车台数	$N_2 = L_2/4\,000$	式-13	台	4.4
	沿程内燃机车所需风机供风量	$Q_{2d} = 0.027\,2P_L + 0.010\,2P_L L_2$	式-14	m³/s	53.00
	按风机前方人员、柴油机械计算风机风量	$Q_{f2-2} = Q_{op} + Q_{2d}$	式-15	m³/s	71.85
	第二级通风机供风量	$Q_{f2} = \mathrm{Max}(Q_{f2-1}, Q_{f2-2})$	式-16	m³/s	71.85
1.5	第二级通风系统阻力及风机全压计算				
	掘进工作面出风口实际出风量	$Q_{0a} = Q_{f2-2}(1-\beta)^{L_2/100}$	式-17	m³/s	25.06
	第二级通风系统出风口风量	$Q_0' = \mathrm{Max}(Q_0, Q_{0a})$	式-18	m³/s	25.06

续表 7-8

序号	项目	计算公式	公式代码	单位	数量
	沿程风阻	$h_{f2}=(400\lambda\rho/\pi^2 d_m^5)\times[1-(1-\beta)^{-2L/100}]/\ln(1-\beta)\times Q_0'^2$	式-19	Pa	5 263
	出口局部阻力	$h_{2o}=8\rho(Q_0')^2/(\pi^2 d_m^4)$	式-20	Pa	14
	风机全压	$H_{f2}=h_{f2}+h_{2o}$	式-21	Pa	5 277
1.6	第二级风机功率				
	风机全压效率	η_t			0.82
	电动机效率	η_m			0.93
	传动效率	η_{tr}			1
	通风机电机功率	$P_2=Q_{f2}H_{f2}/(\eta_t\eta_m\eta_{tr})$	式-22	kW	497
1.7	判断是否需进行通风接力	判别式:$H_1>p_m$,是;$H_1\leqslant p_m$,否	是	否	否
2	第一级通风(支洞通风)				
2.1	通风管长度	L_1		m	4 500
2.2	TBM 服务洞作业人员及柴油机械需风量				

续表 7-8

序号	项目	计算公式	公式代码	单位	数量
2.2.1	TBM 服务洞人员需风量				
	TBM 服务洞人员数量	N_{ps}		人	20
	TBM 服务洞人员需风量	$Q_{sp}=K_p N_{sp} q_p$	式-23	m³/s	1.4
2.2.2	TBM 服务洞柴油机械需风量				
	TBM 服务洞 MSV 台数	N_{sd}		台	2
	TBM 服务洞 MSV 功率	P_m		kW	200
	TBM 服务洞 MSV 功率利用系数	η_{s1}			0.4
	TBM 服务洞 MSV 同时利用系数	η_{s2}			0.5
	TBM 服务洞柴油机械需风量	$Q_{sd}=K_d q_d \eta_{s1} \eta_{s2} N_{sd} P_m$	式-24	m³/s	9.33
2.2.3	第一级通风出口风量	$Q_s=Q_{f2}+Q_{sp}+Q_{sd}$	式-25	m³/s	82.58
2.2.4	第一级风机风量	$Q_{f1-1}=Q_s/(1-\beta)^{-L_1/100}$	式-26	m³/s	108.26
2.3	全洞作业人员及柴油机械需风总量				
2.3.1	支洞沿程 MSV 数量	$N_m=L_1/3\,000$	式-27	台	1.50

续表 7-8

序号	项目	计算公式	公式代码	单位	数量
2.3.2	支洞沿程 MSV 需风量				
	MSV 功率利用系数	η_{m1}			0.60
	MSV 同时利用系数	η_{m2}			1.00
	支洞沿程 MSV 需风量	$Q_m = K_d q_d \eta_{m1} \eta_{m2} N_m P_m$	式-28	m³/s	20.99
2.4	全洞作业人员及柴油机械需风总量	$Q_{f2-2} = Q_{0p} + Q_{0d} + Q_{2d} + Q_{sp} + Q_{sd} + Q_m$	式-29	m³/s	103.57
2.5	第一级通风机供风量	$Q_{f1} = \mathrm{Max}(Q_{f1-1}, Q_{f1-2})$	式-30	m³/s	108.26
2.6	通风阻力及风机全压				
	第一级通风系统出口风量	$Q_{0z} = Q_{f1}(1-\beta)^{-L_1/100}$	式-31	m³/s	82.58
	沿程风阻	$h_{f1} = (400\lambda\rho/\pi^2 d_m^5) \times [1-(1-\beta)^{-2L_1/100}]/\ln(1-\beta) \times Q_{0z}^2$	式-32	Pa	5 690
	出口局部阻力	$h_{1o} = 8\rho(Q_{0z})^2/(\pi^2 d_m^4)$	式-33	Pa	152
	风机全压	$H_{t1} = h_{f1} + h_{1o}$		Pa	5 842
2.7	判断是否可行	判别式:$H_{t1}>p_m$,是;$H_{t1}\leq p_m$,否	否	是	是
2.8	第一级通风机电机功率	$P = Q_{0z} \times H_{t1}/(\eta_t \eta_m \eta_{tr})$	式-34	kW	808
2.9	三级通风总功率			kW	1 305

第 8 章　深埋长隧洞 TBM 施工降温

8.1　洞内环境温度

国内规范规程均将隧洞施工作业环境温度规定为不超过 28 ℃，如《公路隧道施工技术规范》（JTG F60—2009）规定"隧道内气温不得高于 28 ℃"。

然而，在深埋隧洞 TBM 施工中，达到这一标准并非易事。首先，TBM 掘进时，其刀盘切削岩石的能量一部分转化为热量；其次，深埋长隧洞洞壁岩温往往较高，围岩与洞内空气换热使环境温度升高；再次，夏天洞外气温高，加之风流在通风系统中流动时与通风管壁摩擦生热，三个因素综合作用使洞外送入的新鲜空气从 TBM 后配套出风口流出时，风温已超过 28 ℃。因此，前述规范提出提高风速的降温措施在深埋长隧洞中基本不可行。本章着重对深埋长隧洞的热量来源及降温措施进行研究。

8.2　深埋长隧洞 TBM 施工主要热源

8.2.1　TBM 设备放热

TBM 依靠刀盘上的刀具挤压、旋转切削作用破岩，因岩石强度较高，破岩需要巨大的能量，TBM 主机驱动功率往往达数千千瓦，在 TBM 掘进过程中电机将电能转化为机械能，一部分机械能又在掘进过程中做功转化为热能，使刀盘和岩渣温度升高，并传递给洞内空气。

8.2.2　围岩传热

岩体初始温度与其埋深关系密切，一般而言，埋深越大，岩体温度越高。TBM 掘进时，随着 TBM 前进新的岩体不断在 TBM 主机后出露，刚出露的岩体温度为初始岩温，当其温度高于洞内空气温度时，岩体将把热量传递给洞内空气，导致空气温度升高，当洞内空气温度高于 28 ℃时，则使人感到不适。

8.2.3　风流与通风管摩擦生热

深埋长隧洞 TBM 施工通风系统通风距离大，洞外新鲜空气被通风机吸入、加速、沿通风管向洞内输送过程中，不断与通风管壁摩擦并产生热量，使送入的空气温度升高。

8.3　洞内热量计算

8.3.1　围岩传热计算

8.3.1.1　相关参数意义及计算

1. 隧洞当量半径

为了便于研究，把与不规则隧洞断面等效的圆形断面的半径称为不规则断面的当量半径。

$$r_0 = 0.564\sqrt{A} \tag{8-1}$$

式中　r_0——隧洞当量半径，m；

　　　A——隧洞断面面积，m^2。

圆形断面的当量半径等于圆的半径。

2. 隧洞对流换热系数

隧洞对流换热系数是表示隧洞内对流换热强度的物理量，其在数值上等于单位面积、单位时间内在 1 ℃温差作用下对流所传递的热量。

对流换热系数计算公式较多，有的较简洁、有的较复杂，在兼顾准确与方便前提下，建议采用下式计算：

$$h = 2.728 \cdot \varepsilon \cdot \overline{u}^{0.8} \tag{8-2}$$

式中　h——隧洞对流换热系数，W/（$m^2 \cdot$ ℃）；

　　　ε——隧洞洞壁粗糙度系数，洞壁光滑时取 1，经一次支护的隧洞取 1.65~2.50；

　　　$\overline{u}$——隧洞内平均风速，m/s。

3. 围岩导热系数

围岩导热系数是指在稳定条件下，单位时间内沿热流传导方向上单位厚度岩石两侧温度差为 1 ℃时通过的热量，用 λ_r 表示，其单位为 W/（m · ℃）。

4. 岩石热扩散系数

岩石热扩散系数是反映岩石热惯性的综合性参数，表示在加热或冷却过程中岩石各部分温度趋向于一致的能力。岩石热扩散系数越大，热量传播过程中趋于一致的速度越快，用 α_r 表示，单位为 10^{-6} m^2/s。

部分岩石导热系数和热扩散系数见表 8-1。

表 8-1　岩石导热系数和热扩散系数

岩石名称	导热系数 [W/ (m·℃)]	热扩散系数 (m²/s)
石灰岩	2.5	1.1
板岩	2.4	1.2
砂岩	3.2	1.6
片麻岩	2.7	1.2
花岗岩	2.6	1.4
页岩	3.1	1.5
泥岩	3.8	1.8

5. 调热圈半径

隧洞开挖前，围岩各点温度均为原岩温度，当隧洞开挖并通风后，岩体内部的热平衡遭到破坏，岩体热量传递给风流，风流将热量带走后，岩体内部温度不断降低，降温的范围不断向岩体深处延伸，直至达到新的热平衡状态，此时接近原岩温度的岩石外缘所包围的范围称为调热圈，调热圈半径一般为 25~30 m。

6. 不稳定换热系数

围岩与风流间的不稳定换热系数是指隧洞深部未被冷却的岩体与空气间温差为 1 ℃时，单位时间内从单位面积隧洞洞壁上向空气放出（或吸收）的热量。

不稳定换热系数的理论计算非常复杂，一般采用下式近似计算，其值与理论解相差不到 1%。

$$\left.\begin{aligned}
k_\tau &= \frac{\lambda_r}{r_0}\exp\left(a_1 + a_2\ln F_o + a_3\ln^2 F_o + \frac{a_4 + a_5\ln F_o + a_6\ln^2 F_o}{B_i + 0.375}\right) \\
F_o &= \frac{\alpha_r t}{r_0^2} \\
B_i &= \frac{hr_0}{\lambda_r}
\end{aligned}\right\} \tag{8-3}$$

式中　k_τ——不稳定换热系数，W/ (m²·h·℃)；

　　　F_o——傅里叶准则数；

当 $0 < F_o \leqslant 1$ 时，$a_1 = 0.024\ 091\ 34$，$a_2 = -0.314\ 263\ 4$，$a_3 = 0.014\ 985\ 6$，$a_4 = $

$-1.063\ 224$，$a_5 = 0.151\ 002$，$a_6 = -0.016\ 251\ 36$；

1<F_o<∞ 时，$a_1 = 0.020\ 01$，$a_2 = -0.299\ 841\ 3$，$a_3 = 0.015\ 976\ 4$，$a_4 = -1.061\ 628$，$a_5 = 0.136\ 679\ 4$，$a_6 = -0.009\ 702\ 536$；

$\quad t$——隧洞通风换热时间，h；

$\quad B_i$——毕渥准则数。

8.3.1.2　围岩传热量计算

在长度为 dl 的隧洞微单元中，围岩的放热量可用下式表示：

$$\mathrm{d}Q = k_\tau U(t_c - t_a)\mathrm{d}l \tag{8-4}$$

式中　dQ——长度为 dl 隧洞微单元的围岩与风流间换热量，W；

$\quad U$——隧洞周长，m；

$\quad t_c$——初始岩温，℃；

$\quad t_a$——洞内风流温度，℃。

则有：

$$Q = \int_0^L k_\tau U(t_c - t_a)\mathrm{d}l$$

积分得：

$$Q = k_t U(t_c - t_a)L \tag{8-5}$$

8.3.2　TBM 设备放热

8.3.2.1　通风机

风流被通风机的电机驱动获得动能，电机运转过程一部分电能转化为热能传递给风流，导致通风机出口风流温度上升，其热力学方程为

$$M_B c_p(t_2 - t_1) = K_B N_e \tag{8-6}$$

式中　M_B——通风机的风量，kg/s；

$\quad c_p$——空气的定压比热容，kJ/(kg·℃)；

$\quad K_B$——通风机放热系数，取 1-η，η 为通风机效率；

$\quad N_e$——通风机额定功率，kW。

8.3.2.2　TBM

TBM 所有驱动电机按同一标准计算，TBM 主驱动旋转破岩过程中，热转化系数约为 10%，则 TBM 主机产生的热量按下式计算：

$$Q_m = \frac{n_1 n_2 n_3 N}{\eta} \tag{8-7}$$

式中　Q_m——TBM 产生的热量，kW；

$\quad n_1$——功率利用系数，取 0.7~0.9；

$\quad n_2$——同时利用系数，取 0.5~1.0；

n_3——热转化系数，取 0.1；

N——电机额定功率，kW；

η——电动机效率。

8.3.3　风流摩擦温升

风流在通风管内流动时，与通风管壁摩擦并产生热量。根据能量守恒定律，摩擦力做功产生的热量等于动能的减少。

$$\Delta t = \frac{u_2^2 - u_1^2}{2c_p}$$ (8-8)

式中　Δt——风流的温升，℃；

u_2——通风管进口风速，m/s；

u_1——通风管出口风速，m/s；

c_p——空气的定压比热容，kJ/（kg·℃）。

8.3.4　人员放热

人员放热按下式计算：

$$Q_w = nq$$ (8-9)

式中　Q_w——人员放热量，kW；

n——工作人员总数；

q——单个作业人员发热量，轻度体力劳动时取 0.20 kW，中度体力劳动时取 0.28 kW，重体力劳动时取 0.47 kW。

8.4　洞内降温措施

根据上述热源分析可知，在隧洞热害较轻时或低温季节，增大通风量有可能将洞内环境温度降至规范规定的温度之下，但在深埋隧洞中，随着埋深的增大，岩温相应升高，仅凭增加通风量已难以解决洞内热害，此时需采用洞外制冰，洞内融冰的措施降温。

冰的比热容为 2.1 kJ/（kg·℃），1 kg 的冰温度升高 1 ℃可吸收 2.1 kJ 的热量，1 kg 温度为 0 ℃的冰在融化为 0 ℃水的过程中又可吸收 335 kJ 的热量，是一种极好的降温材料。

需冰量按下式计算：

$$G_i = \frac{Q}{c_w t_w + L_i - c_i t_i}$$ (8-10)

式中　G_i——需冰量，kg/s；

Q——降温总负荷，kW；

c_w——水的比热，kJ/（kg·℃）；

t_w——水温，℃；

L_i——冰的融解热，kJ/kg；

c_i——冰的比热，kJ/（kg·℃）；

t_i——冰温，℃，为负值。

8.5　深埋长隧洞 TBM 施工降温计算模型

8.5.1　计算假设

TBM 施工与常规钻爆法施工有较大区别，首先是其施工具有连续性，TBM 可持续掘进且掘进速度较快，随着 TBM 机头向前推进，围岩在护盾后被持续揭露；其次是 TBM 施工时需降温范围较大，整个主机及后配套范围内都有作业人员活动，在高地温情况下都应采取降温措施；再次，TBM 主机本身是一个巨大的热源。

为了进行深埋长隧洞 TBM 施工降温计算，做以下假设：

（1）计算范围为主机及后配套所及空间。

（2）计算时间为围岩被揭露至后配套尾部通过该处的时间间隔。

（3）风流在通风管内行进过程中不与管外空气进行热交换。

（4）热源放热量只计及围岩放热、设备放热、风流摩擦生热和人员放热。

8.5.2　基本参数确定

8.5.2.1　主机及后配套长度

主机及后配套长度与机型及隧洞直径关系密切，短者不足 100 m，长者达 300 多 m，为不失一般性，TBM 总长度取 150 m。

8.5.2.2　TBM 掘进进尺

深埋长隧洞地质条件复杂，平均掘进进尺较一般隧洞低，按 10 m/d 计算，则相应计算时间为 15 d。

围岩不稳定换热系数在岩石出露后约 500 h 快速下降，基本降至稳定状态，即计算时段内不稳定换热系数尚处于快速下降阶段，计算时宜取其平均值。

8.5.2.3　设备效率

在 TBM 掘进过程中，主驱动电机把电能转变为机械能驱动刀盘旋转破岩，机械运转时各部件相互摩擦产生热量,刀盘在破岩过程中滚刀和刀盘挤压、切削岩石又使一部分机械能转化成热量。若主驱动电机效率为 90%,刀盘破岩热能转化系数为 10%,主驱动热能转化率为 19%;通风机效率为 75%,则其热能转化率为 25%。

TBM 各种辅助设备效率有所差别,其转化为热量的比例也不同,为计算方便,除 TBM 主机外各种设备效率取 80%,即转化率 20%。

8.5.2.4 通风参数

通风机采用变频电机驱动,其在某位置的通风参数根据第 7 章内容计算确定。

8.5.3 施工降温计算案例

设某 TBM 施工隧洞长 35 km,最大埋深 2 100 m,采用 2 台开挖直径 8.0 m 的敞开式 TBM 施工,主驱动电机功率 3 500 kW,TBM 总电机功率 4 200 kW;施工通风采用洞口压入式通风,洞口高程 1 500 m,最大独头通风长度 17.5 km,通风管直径 2.4 m,洞外气温 20 ℃;隧洞岩性为花岗岩,掘进至 10 km 处初始岩温为 40 ℃,若采用冰制冷方式解决洞内热害,求单位时间需冰量。

可按下列步骤求解:

(1) 通风管入口风温。

①掘进至 10 km 时通风机供风量。

根据第 7 章内容,计算得 $Q_f = 42.46 \ \text{m}^3/\text{s}$。

②掘进至 10 km 时通风机运行功率。

根据第 7 章内容,计算得 $P_o = 137 \ \text{kW}$。

③通风机出口风温计算。

通风机出口风温按下式计算:

$$t_1 = \frac{(1 - \eta_v) P_o}{c_p \rho Q_f} + t_0$$

式中 t_1——通风机出机口温度,℃;

   η_v——通风机效率,取 0.75;

   P_o——通风机输入功率,kW;

   c_p——20 ℃时空气的定压热比容,kJ/(kg·℃),取 1.000 6 kJ/(kg·℃);

   ρ——高程 1 500 m 时的空气密度,m^3/s,经计算为 0.98 kg/m^3;

   Q_f——掘进 10 km 时的通风机供风量,m^3/s;

   t_0——洞口空气温度,℃,取 20 ℃。

计算得 $t_1 = 20.84$ ℃。

④通风管出口风温。

风流进入通风管后,沿通风管前行过程中与管壁摩擦生热,使其动能和势能逐渐减小,在通风管出口处,势能近似为零,则通风管进口风流机械能与通风管出口机械能的差值, 即为风流增加的内能。

　　a. 通风管进口处单位质量空气动能按下式计算:

$$E_{ki} = \frac{8Q_f^2}{\pi^2 d^4}$$

式中　E_{ki}——通风管入口单位质量风流的动能, J;

　　　　Q_f——通风机供风量, m³/s;

　　　　d——通风管直径, m。

计算得 E_{ki} = 59.31 J。

　　b. 通风管出口单位质量的动能按下式计算。

$$E_{ko} = \frac{8Q_{oa}^2}{\pi^2 d^4}$$

式中　E_{ko}——通风管出口单位动能, J;

　　　　Q_{oa}——通风管出口风量, m³/s。

计算得 E_{ko} = 18.72 J。

　　c. 单位质量风流流经通风管的动能损失。

单位质量风流流经通风管的动能损失按下式计算:

$$E_{kl} = E_{ki} - E_{ko}$$

式中　E_{kl}——单位质量风流流经通风管时的动能损失, J。

计算得 E_{kl} = 40.59 J。

　　d. 单位质量风流流经通风管的势能损失。

风机静压与空气密度的比值即为单位质量风流的势能损失, 按下式计算:

$$E_{pl} = \frac{h_f}{\rho}$$

式中　E_{pl}——单位质量风流流经通风管的势能损失, kW;

　　　　h_f——风机静压, Pa, 计算得 2 427.63 Pa。

计算得 E_{pl} = 2 473.39 J。

　　e. 单位质量风流流经通风管的机械能损失。

单位质量风流流经通风管的机械能损失按下式计算:

$$E_m = E_{kl} + E_{pl}$$

式中　E_m——单位质量风流流经通风管的机械能损失, J;

　　　　其他符号意义同前。

计算得 E_m = 2 513.97 J。

　　f. 风流流经通风管的温升。

风流流经通风管的温升按下式计算:

$$\Delta t = \frac{E_m}{1\,000c_p}$$

式中　Δt——风流流经通风管的温升,℃;

　　　其他符号意义同前。

计算得 $\Delta t = 2.51$ ℃。

g.　通风管出口温度。

通风管出口温度按下式计算:

$$t_o = t_1 + \Delta t$$

式中　t_o——通风管出口温度,℃;

　　　其他符号意义同前。

计算得 $t_o = 23.35$ ℃。

(2) TBM 设备放热量。

①TBM 主机设备放热量。

TBM 主机设备放热量按下式计算:

$$Q_m = (1 - \eta)P_m + n\eta P_m$$

式中　Q_m——TBM 产生的热量,kW;

　　　n——主机驱动电动机热转化系数,取 0.1;

　　　P_m——驱动电机额定功率,kW, 3 500 kW;

　　　η——驱动电动机效率,取 0.9。

计算得 $Q_m = 696\ 889$ J。

②辅助设备放热量。

辅助设备放热量按下式计算:

$$Q_a = 0.25(1 - \eta_a)P_m$$

式中　Q_a——单位时间 TBM 辅助设备放热量,J;

　　　η_a——辅助设备效率,取 0.80。

计算得 $Q_a = 175\ 000$ J。

③TBM 设备放热量。

TBM 设备放热量按下式计算:

$$Q_t = Q_m + Q_a$$

式中　Q_t——TBM 设备放热量,J;

　　　其他符号意义同前。

(3) 围岩放热量。

①隧洞对流换热系数。

隧洞对流换热系数按下式计算:

$$h = 2.728 \cdot \varepsilon \bar{u}^{0.8}$$

式中　h——隧洞对流换热系数,W/(m² · ℃);

　　　ε——隧洞粗糙度系数,敞开式 TBM 施工隧洞取 1.65 ~ 2.50,此处取 2.08;

　　　$\bar{u}$——隧洞内平均风速,m/s。

计算得 $h = 3.3$ W/(m² · ℃)。

②毕渥准则数。

毕渥准则数按下式计算：

$$B_i = hr_0/\lambda_r$$

式中　h——隧洞对流换热系数，W/(m² · ℃)；

　　　r_0——等效半径，m；

　　　λ_r——围岩导热系数，W/(m · ℃)。

计算得 $B_i = 4.82$。

③掌子面围岩不稳定换热系数。

傅里叶准则数按下式计算：

$$F_o = \alpha_r \tau / r_0^2$$

式中　F_o——傅里叶准则数；

　　　α_r——围岩热扩散系数，10^{-6} m²/s；

　　　τ——洞壁开始发生热扰动时刻起到所计算时刻的时间间隔。

计算得 $F_o = 0.057$。

不稳定换热系数按下式计算：

$$k_\tau = \frac{\lambda_r}{r_0}\exp(a_1 + a_2\ln F_o + a_3\ln^2 F_o + \frac{a_4 + a_5\ln F_o + a_6\ln^2 F_o}{B_i + 0.375})$$

式中　k_τ——不稳定换热系数；

　　　r_0——等效半径；

当 $0 < F_o < 1$ 时，$a_1 = 0.024\,091\,34$，$a_2 = -0.314\,263\,4$，$a_3 = 0.014\,698\,56$，$a_4 = -1.063\,224$，$a_5 = 0.151\,002$，$a_6 = -0.016\,251\,36$；

　　　B_i——毕渥准则数。

计算得 $k_\tau = 1.35$ W/(m² · ℃)。

④每秒岩石传热量。

每秒岩石传热量按下式计算：

$$Q_r = k_\tau UL(t_r - t_w)$$

式中　k_τ——不稳定换热系数；

　　　U——隧洞开挖断面的周长，m；

　　　L——隧洞长度，m，取 150 m；

　　　t_r——岩温，℃，取 40 ℃；

　　　t_w——允许环境温度，℃，取 28 ℃。

计算得 $Q_r = 61\,103$ J。

（4）人员放热量。

人员放热量按下式计算：

$$Q_p = n_p q_p$$

式中　Q_p——人员放热量，J；

　　　n_p——TBM 区间工作人数，人，取 40 人；

　　　q_p——每人每秒放热量，J，取 275 J；

计算得 $Q_p = 11\,000$ J。

（5）风流吸热量。

风流吸热量按下式计算：

$$Q_v = c_p \rho Q_{0a}(t_w - t_o)$$

式中　Q_v——每秒风流吸热量，J；

　　　c_p——空气的定压热比容，kJ/（kg·℃），取 1.000 6 kJ/（kg·℃）；

　　　ρ——空气的密度，kg/m³；

　　　Q_{0a}——隧洞通风系统出风口（后配套内）的风量，m³/s；

　　　t_w——允许环境温度，℃，取 28 ℃；

　　　t_o——通风管出口温度，℃。

计算得 $Q_v = -106\,170$ J。

（6）TBM 范围内以 28 ℃为计算基准的每秒放热量。

$$Q_z = Q_r + Q_t + Q_p + Q_v$$

式中　Q_z——以 28 ℃为计算基准的每秒放热量，J；

　　　其他符号意义同本算例。

计算得 $Q_z = 837\,822$ J。

（7）需冰量计算。

若采用运冰冷却，需冰量按下式计算：

$$m_i = Q_z/(c_w t_w + L_i - c_i t_i)$$

式中　m_i——每秒需冰量，kg/s；

　　　c_w——水的比热，kJ/（kg·℃），取 4.2 kJ/（kg·℃）；

　　　t_w——水温，℃，达到热平衡时为 28 ℃；

　　　L_i——冰的融解热，kJ/kg，取 335 kJ/kg；

　　　c_i——冰的比热，kJ/（kg·℃），取 2.1 kJ/（kg·℃）；

　　　t_i——冰温，℃，取 -8 ℃。

计算得 $m_i = 1.78$ kg/s。

（8）需冷却水量计算。

若采用输水冷却，需初温为 0 ℃冷却水量按下式计算：

$$m_w = Q_z/(c_w t_w)$$

式中　m_w——每秒需冷却水量，kg/s；

　　　其他符号意义同本算例。

计算得 $m_w = 7.12$ kg/s。

施工降温计算程序见表 8-2。

表 8-2　施工降温计算程序算例

序号	项目	符号或计算公式	公式编号	单位	数值
1	基本参数				
	洞口气温	t_0		℃	20.00
	围岩温度	t_r		℃	40.00
	工作面允许环境温度	t_w		℃	28.00
	TBM 主机效率	η			0.90
	风机效率	η_v			0.75
	其他机械效率	η_a			0.8
	空气定压比容	c_p			1.000 6
	主驱动电机功率	P_m		kW	3 500
	主机电动机热转化系数	n			0.1
	围岩导热系数	λ_r（花岗岩）		W/(m·℃)	2.60
	围岩热扩散系数	α_r（花岗岩）		$10^{-6}\,m^2/s$	1.40
	单位时间每人放热量	q_p		J	275.00

续表 8-2

序号	项目	符号或设计计算公式	公式编号	单位	数值
	水的比热	c_w		J/(kg·℃)	4 200.00
	水的终温	t_w		℃	28.00
	冰的融解热	L_i		J/kg	335 000.00
	冰的比热	c_i		J/(kg·℃)	2 100.00
	冰的初温	t_i		℃	-8.00
2	通风管入口（通风机出口）风温	$t_1=(1-\eta)P_o/(c_p\times\rho\times Q_f)+t_0$	式-1	℃	20.84
3	通风管出口风温				
3.1	通风管入口单位质量风流的动能	$E_{ki}=8\times\left[Q_f/(\pi d^2)\right]^2$	式-2	J	59.31
3.2	通风管出口单位质量风流的动能	$E_{ko}=8\times\left[Q_{0a}/(\pi d^2)\right]^2$	式-3	J	18.72
3.3	单位质量风流的动能损失	$E_{kl}=E_{ki}-E_{ko}$	式-4	J	40.59
3.4	单位质量风流的势能损失	$E_{pl}=h_f/\rho$	式-5	J	2 473.39
3.5	单位质量风流的机械能损失	$E_m=E_{kl}+E_{pl}$	式-6	J	2 513.97
3.6	单位质量的风流流经通风管的温升	$\Delta t=E_m/(1\,000c_p)$	式-7	℃	2.51

续表 8-2

序号	项目	符号或计算公式	公式编号	单位	数值
3.7	通风管出口温度	$t_o = t_i + \Delta t$	式-8	℃	23.35
4	TBM 设备放热量				
4.1	TBM 主机放热量	$Q_m = (1-\eta)P_m + n\eta P_m$	式-9	J	696 889.00
4.2	TBM 辅助设备放热量	$Q_a = 0.25(1-\eta_a)P_m$	式-10	J	175 000.00
4.3	TBM 设备放热量	$Q_t = Q_m + Q_a$	式-11	J	871 889.00
5	围岩放热量				
5.1	隧洞对流换热系数	$h = 2.728 \cdot \varepsilon \bar{u}^{0.8}$	式-12	W/(m²·℃)	3.3
5.2	毕渥准则数	$B_i = hr_0/\lambda_r$	式-13		4.82
5.3	傅里叶准则数	$F_o = \alpha_r\tau/r_0^2$			0.057
	围岩不稳定换热系数	$k_\tau = (\lambda_r/r_0)\exp[a_1 + a_2\ln F_o + a_3\ln^2 F_o + (a_4 + a_5\ln F_o + a_6\ln^2 F_o)/(B_i + 0.375)]$	式-14	W/(m²·℃)	1.35
5.4	每秒岩石传热量	$Q_r = k_\tau UL(t_r - t_w)$	式-15	J	61 103

续表 8-2

序号	项目	符号或计算公式	公式编号	单位	数值
5.5	人员放热量	$Q_{p} = n_{p} q_{p}$	式-18	J	11 000
5.6	风流吸热量	$Q_{v} = c_{a} \rho Q_{0a}(t_{w} - t_{o})$	式-19	J	-106 170
5.7	TBM 范围内总放热量	$Q_{z} = Q_{1} + Q_{r} + Q_{p} + Q_{v}$	式-20	J	837 822
6	需冰量计算（制冰冷却时）	$m_{i} = Q_{z} / (c_{w} t_{w} + L_{i} - c_{i} t_{i})$	式-21	kg/s	1.78
7	需冷水量计算（0 ℃水冷却时）	$m_{w} = Q_{z} / (c_{w} t_{w})$	式-22	kg/s	7.12

8.5.4　施工降温算例分析

从上述算例可以看出，在深埋长隧洞 TBM 施工中，仅增大通风量难以独立解决热害，因风流在送至 TBM 后配套过程中，将发生数摄氏度的温升，若洞口气温达到 25 ℃，则当其被送至 TBM 后配套时，其温度可能已超 28 ℃，已起不到降低环境温度的作用。

制冰降温和冷水降温均可以达到降低 TBM 范围内气温的目的，若采用运冰降温，需冰量相对较少，但不便于运输；若把水降温至 0 ℃，当冷水重量约为冰的 4 倍时，也可达到相同的效果。水通过管道输送，可结合电机冷却水、刀盘喷水系统送至工作面，在排水系统裕度较大时，可优先考虑制冷水冷却方案。

第 9 章　深埋长隧洞 TBM 施工排水

9.1　排水量预测

9.1.1　当前计算方法的局限性

现有计算公式一般是对隧洞一个时段内的最大涌水量和稳定涌水量进行计算，但难以掌握其变化规律，最大涌水量衰减至稳定涌水量的时间也难以界定，如秦岭隧道施工时从最大涌水到稳定涌水的衰减周期少则几天，多则数星期，最长为 4 个月。因此，采用现行计算公式无法准确判断隧洞衰减至稳定涌水状态的时间节点及具体时间节点的稳定涌水量，很难进行水防治准备。我国大部分隧洞在勘察设计阶段均进行了涌水量预测，但从统计结果来看，预测值与实际发生值存在较大的误差，往往达 50% 以上，此类情况约占隧洞统计总数的 75%，仅极少数统计标的误差值在 20% 以内，更有部分隧洞预测值与实际值相差数 10 倍，如此大的误差难以指导设计与施工。因此，需探求更为有效的计算方法。

9.1.2　排水量计算方法

成都理工大学张智雄同学在《穿越层状含水结构涌水量解析计算方法研究》一文中对科斯佳科夫修正公式、铁路勘测规范经验公式等 8 种计算方法进行了研究和反演，其中采用科斯佳科夫修正公式的计算值与实际发生值相差最小，通海隧道、野三关隧道、化马隧道、中梁山隧道 4 个项目中，计算值分别为 18 190 m^3/d、78 791 m^3/d、9 197 m^3/d、34 843 m^3/d，实际涌水量分别为 20 000 m^3/d、83 471 m^3/d、10 000 m^3/d、36 000 m^3/d，误差均在 10% 以内，最小仅 3%，平均误差 6.4%，具有极大工程应用价值。故本书推荐采用科斯佳科夫修正公式进行涌水量计算。科斯佳科夫公式如下：

$$\left.\begin{array}{l} Q = \dfrac{2\alpha K H_0 L}{\ln R - \ln r} \\[3mm] \alpha = \dfrac{\pi}{2} + \dfrac{H_0}{R} \\[3mm] R = 2S\sqrt{KH_0} \end{array}\right\} \qquad (9\text{-}1)$$

式中　Q——预测涌水量，$\mathrm{m^3/d}$；

α——隧洞穿越层状含水层的夹角，ral；

H_0——原始静水位到隧洞底板的垂直距离，m；

K——岩体渗透系数，m/s；

L——隧洞通过含水层的长度，m；

R——隧洞涌水影响半径，m；

S——地下水位降深，m；

r——隧洞等效半径，m。

科斯佳科夫修正公式中强含水介质的涌水量按下式计算：

$$Q_1 = \frac{2(\dfrac{\pi}{2} + \dfrac{H_0}{R_1}) K_1 H_0 L_1 \sin\alpha}{\ln R_1 - \ln r} + \frac{2(\dfrac{\pi}{2} + \dfrac{H_0}{R_2}) K_2 H_0 L_2 \sin\alpha}{\ln R_1 - \ln r} \qquad (9\text{-}2)$$

式中　Q_1——强含水介质中的预测涌水量，$\mathrm{m^3/d}$；

H_0——原始静水位到隧洞底板的垂直距离，m；

R_1——隧洞在强含水介质中的最大影响半径，m；

K_1——强含水介质渗透系数，m/s；

L_1——隧洞穿越强含水介质的距离，m；

R_2——隧洞在弱含水介质中的最大影响半径，m；

K_2——弱含水介质渗透系数，m/s；

L_2——隧洞穿越弱含水介质的距离，m。

弱含水介质中的涌水量按下式计算：

$$Q_2 = (1.5L_1 + 0.5L_2) \frac{(\dfrac{\pi}{2} + \dfrac{H_0}{R_1}) K_1 H_0 \sin\alpha}{\ln R_1 - \ln r} + (1.5L_2 + 0.5L_1) \frac{(\dfrac{\pi}{2} + \dfrac{H_0}{R_2}) K_2 H_0 \sin\alpha}{\ln R_1 - \ln r}$$

$$(9\text{-}3)$$

式中　Q_2——弱含水介质中的预测涌水量，$\mathrm{m^3/d}$；

其他符号意义同前。

9.2　TBM 施工排水系统设计

9.2.1　TBM 排水能力的确定

TBM 逆坡排水时，因其电机最低处距洞底高差较小，若突涌水不能被及时排出，则将淹没电机，造成较大损失，因此 TBM 排水能力应留有足够的余地。

从理论上讲，科斯佳科夫公式计算值为稳定涌水量，用其预测全洞涌水量误差较小，但就单个强含水介质而言，其最大涌水量往往为稳定涌水量的数倍，经统计分析，一般为其 3 倍左右，本书按其值的 3 倍考虑。

TBM 排水能力应按全洞各段强含水介质的最大涌水量的最大值计算，并适当留有余地。根据《煤矿安全规程》的要求，排水设备的排水能力应能在 20 h 内排干 24 h 日内涌水量，即排水设备的排水能力按最大涌水量的 1.2 倍配置。

9.2.2　隧洞最大涌水量计算

隧洞最大涌水量等于隧洞沿线最新揭露的强含水介质的最大涌水量与 TBM 已掘进段稳定涌水量之和的最大值。

9.2.3　隧洞稳定涌水量计算

隧洞稳定涌水量按科斯佳科夫公式及其修正公式计算。

9.2.4　主水仓容量确定

根据《煤矿安全规程》，当稳定涌水量在 1 000 m³/h 以下时，主水仓容量应能容纳不小于 8 h 的其汇集区域的总稳定涌水量；当稳定涌水量大于 1 000 m³/h 时，主水仓容量按下式计算：

$$V = 2(Q + 3\ 000) \tag{9-4}$$

式中　V——主水仓的有效容量，m；
　　　Q——水仓汇集区域总稳定涌水量，m³/d。

9.2.5　主水仓处排水能力确定

工作泵的总能力，应能在 20 h 内排出 24 h 的最大涌水量。

9.2.6　排水管道直径计算

排水管直径按《水力计算手册（第二版）》（武汉大学水利水电学院）式 1-2-3 计算：

$$d = \sqrt{\frac{4Q}{\pi v_e}}$$ (9-5)

式中　d——管道内径，m；

　　　Q——管流流量，m^3/s；

　　　v_e——管道经济流速，m/s，按《水力计算手册（第二版）》表 1-2-1 选取。

9.2.7　水泵设计扬程计算

9.2.7.1　沿程水头损失计算

在持续排水时，一段时间内管流为恒定均匀流，其沿程水头损失按《水力计算手册（第二版）》式 1-1-3（谢才公式）计算：

$$v = C\sqrt{RJ}$$ (9-6)

式中　V——管道过水断面的平均流速，m/s；

　　　C——谢才系数，$m^{1/2}/s$；

　　　R——管道过水断面的水力半径，m；

　　　J——水力坡度，在均匀管流中 $J = h_f/L$。

9.2.7.2　沿程水头损失系数计算

沿程水头损失系数按下式计算：

$$C = \sqrt{\frac{8g}{\lambda}}$$ (9-7)

$$C = \frac{1}{n}R^{1/6}$$ (9-8)

式中　λ——沿程水头损失系数；

　　　n——糙率；

　　　其他符号意义同前。

9.2.7.3　局部水头损失计算

管道局部水头损失按《水力计算手册（第二版）》式 1-1-24 计算：

$$h_j = \xi \frac{v^2}{2g}$$ (9-9)

式中　h_j——局部水头损失，m；

　　　ξ——局部水头损失系数，查《水力计算手册（第二版）》表 1-1-3；

v——管道断面平均流速，m/s，取经济流速；

g——重力加速度，m/s²。

排水系统总水头损失按下式计算：

$$h_t = h_f + h_j \qquad (9-10)$$

式中　h_t——排水系统总水头损失，m；

　　　其他符号意义同前。

9.2.7.4　TBM 水泵设计扬程计算

水泵设计扬程按下式计算：

$$H_p = H_t + H_d \qquad (9-11)$$

式中　H_p——水泵设计水头，m；

　　　H_d——排水设计高差，m，为排水系统出口高程与水仓水面高程之差。

　　　其他符号意义同前。

9.2.8　水泵功率计算

水泵轴功率按下式计算：

$$N_e = \frac{\gamma Q H_p}{102\eta} \qquad (9-12)$$

式中　N_e——配套电机功率，kW；

　　　η——水泵效率，对应于工作范围内最大轴功率时的效率值；

　　　γ——水的重度，kN/m³；

　　　Q——水泵设计流量，m³/s，取计算水量的 1.2 倍；

　　　H_p——水泵的扬程，m。

9.2.9　水泵选型

TBM 前端排水泵采用排砂泵，其余水泵均选用 MD 型煤矿用耐磨离心泵，该泵主要用于输送清水及固体颗粒含量不大于 1.5% 的中性水，颗粒粒度小于 0.5 mm，液体温度不超过 80 ℃。TBM 范围内排水经污水箱沉淀后可满足此要求。

为了提高排水系统的可靠性，应尽量减少排水系统的级数，故宜选用高扬程大流量矿用耐磨离心泵，其性能曲线见图 9-1 和图 9-2。

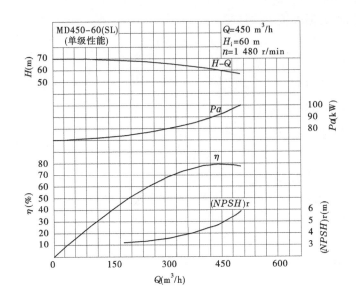

MD450-60（SL）型多级水泵性能表 Performce tabel of model MD450-60（SL）multi-stage water pump

级数	流量		扬程	转速	功率（kW）		效率	必需汽蚀余量	重量
	（m³/h）	（L/s）	（m）	（r/min）	轴功率	电机功率	（%）	（m）	（kg）
2	335	93.1	130	1 480	164.7	250	72	3.8	1 500
	450	125	120		186.0		79	4.9	
	500	139	114		199.0		78	6.0	
3	335	93.1	195	1 480	247.1	250	72	3.8	1 750
	450	125	180		279.2		79	4.9	
	500	139	170		295.5		78	6.0	

图 9-1　MD450-60×4 矿用耐磨离心泵性能曲线

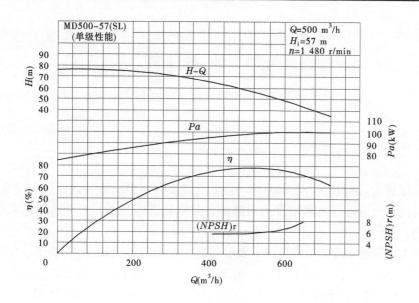

MD500-57（SL）型多级水泵性能表 Performce tabel of model MD500-57（SL）multi-stage water pump

级数	流量		扬程	转速	功率（kW）		效率	必需汽蚀余量	重量
	（m³/h）	（L/s）	（m）	（r/min）	轴功率	电机功率	（%）	（m）	（kg）
2	425	118	124	1 480	191.2	250	75	4.6	1 700
	500	139	114		196.6		77	6.0	
	600	167	100		212.5		77	7.0	
3	425	118	186	1 480	286.9	355	75	4.6	1 950
	500	139	171		294.6		77	6.0	
	600	167	150		318.2		77	7.0	
4	425	118	248	1 480	382.8	450	75	4.6	2 300
	500	139	228		392.8		77	6.0	
	600	167	200		424.2		77	7.0	
5	425	118	310	1 480	478.2	560	75	4.6	2 600
	500	139	285		491.0		77	6.0	
	600	167	250		530.3		77	7.0	
6	425	118	372	1 480	573.8	710	75	4.6	2 900
	500	139	342		589.2		77	6.0	
	600	167	300		636.4		77	7.0	

图 9-2　MD500-57×4 矿用耐磨离心泵性能曲线

9.3　水击计算

9.3.1　水击产生的原因

在有压管道系统中，由于水力控制装置迅速调节流量，管道内流速相应急速变化，导致管道内水流压强也急速地升高或降低，并在管道内传播，这种水流现象称为水击（或水锤）。

若水击在管道中传播的速度以 c 表示（称为水击波传播速度），管道长度（从进口到水力控制装置的距离）以 L 表示，则 $T_r = 2L/c$ 称为水击相。若水力控制装置关闭时间 $T_s < T_r$，则称管道内发生直接水击；$T_s > T_r$ 时发生的水击，称为间接水击。

$T_r = 4L/c$ 称为水击周期，一个水击周期包含两个水击相。

水击计算的目的：计算有压管道内的最大内水压强，作为设计或校核管道强度的依据；计算有压管道内的最小内水压强，作为管线布置。防止有压管道中产生负压的依据。

水击传播速度按下式计算：

$$c = \frac{1\ 435}{\sqrt{1 + \dfrac{E_0 D}{E\delta}}} \tag{9-13}$$

式中　E_0——水的体积弹性模量，Pa，取 2.06×10^9 Pa；

　　　D——管道直径，m；

　　　E——管材的弹性模量，钢材为钢管时取 1.96×10^{11} Pa；

　　　δ——管壁厚度，m。

9.3.2　水击周期内水流的变化过程

（1）$t = 0 \sim L/c$：在紧急情况下，压力水管道末端的阀门在 $t = 0$ 时瞬时关闭，靠近阀门处的一段长度为 dl 微小水体流速首先由 v_0 变为 0，随即停止流动，但因为水流的惯性作用，上游水体仍然以流速 v_0 流向阀门处，在水流的作用力与阀门的反作用力的共同作用下，dl 段水体被压缩，水体密度增大，内水压强由 p_0（用水头表示即 H_0）升高至 $p_0 + \Delta p$，Δp 即为水击压强（用水头表示就是 ΔH）。Δp 作用于管壁使其膨胀，同时沿管轴方向形成一微小空间，当后来的水体充满此空间后，第二段长度为 dl 微小水体受阻也停止流动，且同前段微小水体一样被压缩、水体密度增大、内水压强升高……，循环往复，即形成一个从阀门 B 处向管道进口 A 传播的水击波，其特征为水流速度减小为零、内水压强升高 Δp，波速为 c。在 $t = 0 \sim L/c$ 时段，水击波所到之处内水压强升

高 Δp，而波的传播方向与管中恒定流的流动方向相反，水击波为升压逆行波。

（2）$t=L/c \sim 2L/c$：在 $t=L/c$ 时刻，水击波到达压力管道进口端 A，此时管中水体全部停止流动，整个压力水管中水体的密度增大，管壁膨胀，内水压强升高 Δp。由于压力水管进口端 A 与大体积水池衔接，其水位可认为保持不变，故 A 断面上游侧的水头仍为 H_0，而 A 断面下游侧压力水管中的水头为 $H_0+\Delta H$，两侧水压和水的密度不平衡，致使紧靠进口的一端微小长度 $\mathrm{d}l$ 的水体首先由静止状态改变为以流速 v_0 向上游流向水池，同时管道的水头由 $H_0+\Delta H$ 降为原来的 H_0，即恢复到初始状态，管道内水体的密度和管径也恢复到初始状态。随后，自水管进口端 A 至末端阀门处 B，一段长度为 $\mathrm{d}l$ 微小水体的压强、密度和管径也相继恢复原状，并形成一个以降压为特征的水击波由 A 向 B 传播，称为降压顺行波，它是升压逆行波在进口端的反射波。由于水体和管壁的弹性不变，故反射波的波速绝对值为 c，水击压强绝对值为 ΔH，但符号均相反，即由升压波反射成为降压波，故水池端 A 处水击波的反射规律为"异号等值"。$t=2L/c$ 时，反射波传播至阀门 B 处，此时整个压力水管的水体压强、密度和水管径均恢复至起始状态，但全管水流都以流速 v_0 流向水池。

（3）$t=2L/c \sim 3L/c$：在 $t=2L/c$ 时刻，全管水体以流速 v_0 向水池流动，但由于阀门是完全关闭的，靠近阀门的长度为 $\mathrm{d}l$ 的一小段水体停止流动，在水流惯性的作用下，该段水体被"拉长"，其密度减小，管壁收缩，管道内压强减小 ΔH。这种水体被"拉长"，其密度减小，管壁收缩，管道内压强减小 ΔH 的现象仍以波速 c 自阀门端 B 向进口端 A 逐段传播，形成降压逆行波。直到 $t=3L/c$ 时，此时降压逆行波传至水管进口端 A，此时整个水管中的流速均为零，压强由 H_0 减至 $H_0-\Delta H$，同时处于水体膨胀，管壁收缩状态。

（4）$t=3L/c \sim 4L/c$：在 $t=3L/c$ 时刻，水管进口断面 A 的下游侧比上游测的压强降低 ΔH，在两侧压力差和水体密度差的作用下，A 端的水流又以流速 v_0 向阀门 B 方向流动，使膨胀的水体恢复到起始时刻的密度，压强也恢复到 H_0。接着自 A 到 B 逐段水体相继发生同样的变化，并以波速 c 向阀门方向传播，即水池端又把阀门反射回来的降压逆行波"异号相等"地反射成升压顺行波，压强增值仍为 ΔH。直到 $t=4L/c$ 时，此时升压顺行波又到达阀门 B 处，此时整个水管中的水体流速、压强、密度和管径都恢复到关闭前的起始状态。

9.3.3　水击压强计算

直接水击压强按下式计算：

$$\Delta H = \frac{c}{g}(v_0 - v) \tag{9-14}$$

式中　ΔH——直接水击压强，m；

　　　c——水击波速，m/s；

　　　g——重力加速度，m/s^2；

　　　v_0——管道中水流起始平均流速，m/s；

v——阀门关闭完成后阀门处流速，m/s。

若某压力管道水击波速为 1 200 m/s，其中水流起始流速为 3 m/s，在阀门突然关闭时，若发生直接水击，则阀门处水击压力可达：

$$\Delta H = \frac{1\,200}{9.81} \times (3 - 0) = 366.97(\text{m})$$

由此可见，直接水击压强可能会很大，故应绝对避免直接水击的发生。

鉴于水击问题非常复杂，本书不做进一步探讨。对于深埋长隧洞，TBM 施工若经支洞排水，因其高差大，在正常排水状态下管道内水压力较大，若任由水击压力叠加，则将发生爆管事故，可能对隧洞施工产生灾难性影响。因此，在进行深埋长隧洞设计时，应对施工排水进行专题研究。

9.4　水击防避

水击泄放阀可以有效地削减关阀引起的正压水击，跟一个合适尺寸的水击预防阀配套可进一步提高关阀水击的防护等级，而注气微排阀可有效地消除负压水击。三者相互配套应用于高扬程长距离输水管线工程，可分别解决正压水击和负压水击问题。水击防护阀和注气微排阀结构简单，反应灵敏，性能稳定可靠，在美国已经有 40~100 年的应用历史，在国内也已经有 10~20 年的应用历史，对安装点的空间要求不高，耗资少，在水击防护方面具有较高的技术和经济优势。

第 10 章　深埋长隧洞 TBM 施工供电

10.1　深埋长隧洞主要用电负荷

深埋长隧洞主要用电负荷有 TBM 主机及辅助设备、隧洞通风、隧洞及支洞胶带输送机和施工排水,因隧洞的深埋特性使施工通风、带式输送机及施工排水用电负荷较非深埋隧洞大为增加,有时甚至增长数倍。在施工组织过程中应预以充分重视。同时,应为洞内 I 类负荷提供双电源。

10.2　供电电压

深埋长隧洞一般采用 20 kV 电压进洞,洞内布设高压电缆向后配套内主变压器供电,再由主变压器降压至各用电设备所需电压。隧洞胶带输送机、施工照明和施工排水采用 10 kV 进洞,沿线布置变压器降压。TBM 掘进过程中采用高压电缆卷筒实现电缆的自动延伸,见图 10-1。

图 10-1　高压电缆卷

10.3　施工供电负荷估算

10.3.1　TBM 施工用电负荷

TBM 用电负荷计算见第 3 章相关章节。

10.3.2　隧洞胶带输送机用电估算

10.3.2.1　连续胶带输送机功率计算

1. 胶带输送机运行阻力

根据《带式输送机工程设计规范》（GB 50431—2008），胶带输送机运行阻力由主要阻力、附加阻力、主要特种阻力、附加特种阻力和倾斜阻力构成。对于深埋长隧洞而言，与长度无关的相关阻力在总阻力中占比较小，在估算时可将其忽略。

1）主要阻力

$$F_{\mathrm{H}} = fL\big[q_{\mathrm{RO}} + q_{\mathrm{RU}} + (2q_{\mathrm{B}} + q_{\mathrm{G}})\cos\delta\big]g \tag{10-1}$$

式中　F_{H}——主要阻力，N；

　　　f——模拟摩擦系数，按《带式输送机工程设计规范》（GB 50431—2008）4.1.2 选取，范围为 0.02~0.03，向下输送时取 0.12；

　　　L——带式输送机长度（头尾滚筒中心距），m；

　　　q_{RO}——带式输送机承载分支每米机长托辊旋转部分质量，kg/m；

　　　q_{RU}——带式输送机回程分支每米机长托辊旋转部分质量，kg/m；

　　　q_{B}——每米输送带的质量，kg/m；

　　　q_{G}——输送带上每米物料的质量，kg/m，$q_{\mathrm{G}} = \dfrac{Q}{3.6v}$；

　　　δ——带式输送机胶带与水平面的夹角（°）；

　　　g——重力加速度，9.81 m/s²。

2）倾斜阻力

$$F_{\mathrm{St}} = q_{\mathrm{G}} H g \tag{10-2}$$

式中　F_{St}——倾斜阻力，N，带式输送机向上输送时为正值，向下输送时为负值；

　　　H——带式输送机受料点和卸料点间的高差，m；

　　　其他符号意义同前。

3）传动滚筒所需圆周力

$$F_U = k(F_H + F_{St}) \qquad (10\text{-}3)$$

式中　F_U——传动滚筒所需圆周力，N；

　　　k——综合扩大系数，取 1.05～1.08；

　　　F_H——主要阻力，N；

　　　F_{St}——倾斜阻力，N。

2. 电动机功率

1）带式输送机稳定运行时传动滚筒所需运行功率

带式输送机稳定运行时传动滚筒所需运行功率按下式估算：

$$P_A = \frac{F_U v}{1\,000} \qquad (10\text{-}4)$$

式中　P_A——传动滚筒所需运行功率，kW；

　　　F_U——传动滚筒所需圆周力，m；

　　　v——输送带速度，m/s。

2）驱动电动机所需功率

带式输送机为正功率运行时，按下式计算：

$$P_M = \frac{P_A}{\eta_1} \qquad (10\text{-}5)$$

带式输送机为负功率运行时，按下式计算：

$$P_M = P_A \eta_2 \qquad (10\text{-}6)$$

式中　P_M——驱动电动机所需运行功率，kW；

　　　η_1——驱动系统正功率运行时的传动效率；

　　　η_2——驱动系统负功率运行时的传动效率。

10.3.3　施工通风用电负荷

见施工通风章节。

10.3.4　施工排水用电负荷

主洞施工排水负荷计算见第 9 章相关内容；支洞排水计算方法同主洞。施工排水负荷为主洞、支洞排水负荷之和。

10.3.5　施工照明

隧洞内照明负荷为 3 W/m²，以此可计算洞内照明负荷。按下式计算：

$$P_1 = 0.003(L_m B_m + L_a B_a) \tag{10-7}$$

式中　P_1——隧洞照明负荷，kW；

　　　L_m——主洞长度，m；

　　　B_m——主洞净宽度，m；

　　　L_a——支洞长度，m；

　　　B_a——支洞净宽度，m。

10.3.6　洞外用电负荷

洞外用电负荷主要有生产和生活用电负荷，常规方法计算即可，洞外用电负荷以 P_o 表示。

10.3.7　TBM 施工工区用电负荷

10.3.7.1　高峰用电负荷

在隧洞施工中，施工通风、照明、排水用电负荷为 I 类负荷，为确保最不利条件下 I 类用电负荷的供给，其功率系数和同时利用系数均取 1。

TBM 是一座移动的隧洞施工工厂，其用电负荷有其特殊性，即同时利用系数高，TBM 主机和胶带输送机同时利用系数取 1，功率系数可取 0.8；洞内其他负荷洞外用电负荷可取综合系数 0.4。

则 TBM 施工工区高峰负荷可按以下公式计算：

$$P_c = 0.9P_{tm} + P_v + P_1 + P_d + P_b + 0.4P_o \tag{10-8}$$

式中　P_{tm}——TBM 主机总功率，kW；

　　　P_v——洞内通风系统总功率，kW；

　　　P_1——洞内照明系统总功率，kW；

　　　P_d——洞内排水系统总功率，kW

　　　P_b——带式输送机系统总功率，kW；

　　　P_o——洞外生产生活用电负荷总功率，kW。

10.3.7.2　变压器容量

变电站总容量按下式计算

$$P_{tr} = P_c/0.9 \tag{10-9}$$

式中　P_{tr}——变电站总容量，kVA。

第 11 章　深埋长隧洞预制混凝土
管片施工组织

11.1　预制混凝土管片厂规模

11.1.1　预制混凝土管片厂供应范围

隧洞采用护盾式 TBM 施工时，衬砌为预制混凝土管片，一般需自建管片预制厂。长隧洞往往采用多台 TBM 同时施工，因管片预制厂建设成本高，为每台 TBM 施工建设一个管片预制厂往往并不经济。因此，确定管片预制厂规模时，首先应通过经济比较确定其供应范围。

若某深埋长隧洞采用 n 台护盾式 TBM 施工，其掘进工作面编号分别为 1、2、…、n，每个工作面所需管片环数分别为 R_1、R_2、…、R_n，其间公路运距分别为 S_{xy}，每环每千米运输价格为 P_r，管片预制厂建厂费为 I_c，则只在 TBM1 工区建管片预制厂的建厂费与总运费之和可按下式表示：

$$I_{t1} = I_c + R_2 \cdot S_{12} \cdot P_r + R_3 \cdot S_{13} \cdot P_r + \cdots + R_n \cdot S_{1n} \cdot P_r \quad (11\text{-}1)$$

式中　I_{t1}——在 TBM1 工区建预制混凝土管片厂的建厂费及供应范围内管片运费总投资，元；

I_c——预制混凝土管片厂的建厂费，元，假定与位置无关；

R_2——TBM2 掘进工作面所需混凝土管片的环数，环；

S_{12}——自 TBM1 工区至 TBM2 掘进工作面的公路运距，km；

P_r——1 环预制混凝土管片的每千米运费，元/（km·环）。

分别计算 I_{t1}、I_{t2}、…、I_{tn}，取其最小值 I_{tmin}，当 $I_{tmin} \leqslant 2I_c$ 时，建 1 座管片预制厂较经济，I_{tmin} 对应的工区序号即为最经济建厂位置；当 $I_{tmin} > 2I_c$ 时，建 2 座以上预制混凝土管片厂较经济。

按上述原理进行分段计算，直至每一段计算所得 $I_{tmin} \leqslant 2I_c$，此时对应的段数，即为管片预制厂的建厂数量。

11.1.2　预制混凝土管片厂规模

深埋长隧洞 TBM 掘进进尺有较大的不确定性，其月进尺既可能很低，也可能很高，因此无论是混凝土管片预制厂还是管片堆放场均应留有足够的余地，以避免出现因为管片供应制约掘进速度的情况发生。国内曾发生过 TBM 掘进进尺连续超过混凝土管片预制厂生产能力的情况，所幸的是因该台 TBM 到货延期，预先生产出了较多的管片，储存的管片数量满足了掘进进尺高峰时段的需要。

相对于非深埋长隧洞，深埋长隧洞施工有其特殊性，持续高速掘进的概率较低，通过管片堆放场的调剂作用，管片预制厂生产能力可适当降低。

深埋长隧洞中，Ⅰ、Ⅱ类围岩存在较大的岩爆风险，且因其完整性好，不利于滚刀破岩，掘进进尺较非深埋隧洞低；Ⅳ、Ⅴ类围岩稳定性较差，可能发生围岩大变形，TBM 在此类围岩中掘进速度也较非深埋隧洞低，甚至可能由于围岩收敛较快而发生卡机，其平均进尺也较非深埋隧洞低。一般而言，在深埋长隧洞中，TBM 在Ⅲ类围岩洞段掘进速度最快，管片预制厂生产能力宜按Ⅲ类围岩掘进进尺确定。

若 TBM 在Ⅲ类围岩中的计算月进尺为 A_m，该预制混凝土管片厂供应的 TBM 工作面个数为 n，工作面影响系数为 k，若每月按 26 天计算，则管片预制厂日生产能力按下式表示：

$$P_m = k \cdot n \cdot A_m / 26 \tag{11-2}$$

式中　P_m——预制混凝土管片厂生产能力，环；

　　　k——工作面影响数；当 $n=1$ 时，k 取 1，n 值越大，k 值超小；

　　　n——工作面个数；

　　　A_m——TBM 在Ⅲ类围岩中掘进月进尺，环/月。

11.2　预制混凝土管片生产工艺

预制混凝土管片生产包括管片生产和管片养护两部分。管片生产主要由振动平台和数套模具组成（含备用模具），管片养护分为预热窑和蒸养窑，预热窑和蒸养窑分别可容纳一定模具数。管片生产过程包括以下环节。

11.2.1　模具准备

管片拆模后，清除表面残留的混凝土，安装堵板固定件，关闭模具侧部，加固所有密封件，采用高压风将模具吹净，再在其内表面喷涂一层脱模剂。安装管片侧面定位销预埋件和底管片道钉预埋件。

11.2.2　钢筋笼安装

安装前，把混凝土垫块系在钢筋笼上，采用吊机将钢筋笼放在模具内，在管片安装孔、灌浆孔埋件上涂脱模剂，并安装埋件。

11.2.3　混凝土浇筑及振捣

已安装钢筋笼的模具随生产线运行到混凝土下料斗下方并停于该处（其下部即为振动台），下料斗开始下料，混凝土通过上部敞口进入模具腔内，边下料边振捣，直至混凝土填满模具并振捣密实，然后安装模具盖并固定牢固。将完成振捣工序的模具随生产线运行到下一位置，剔除多余混凝土并用抹子将模具顶面暴露部分抹平，该片管片的浇筑即完成。

11.2.4　蒸汽养护

模具内混凝土完成浇筑及振捣后，首先进入温度为 50 ℃ 的预热窑中预热约 30 min，然后进入温度为 70~80 ℃ 的蒸养窑中养护约 3 h，随后出窑。

11.2.5　拆模

管片经蒸养后从模具中拆出，先拆除模具盖及两侧的结构螺栓，再移去盖子打开模具，拆除所有管片埋置件，用带真空吸盘的吊运装置将管片从模具中移出，经翻转、吊运至室内养护场。

11.2.6　室内养护

管片在室内养护约 48 h，必要时洒水养护。

11.2.7　止水条安装

止水条在管片室内养护期间安装。将黏合剂涂抹于止水条槽内，采用与止水条断面一致的刮刀将其刮均匀，以保证止水条与混凝土的有效黏结。涂抹黏合剂 30 min 后再安装止水条。安装止水条时，先安装短边，后安装长边。为了使黏合剂与橡胶黏合良好，安装止水条时用轧辊将其压入槽内。

11.2.8 管片储存

经约 48 h 室内养护，管片温度与周围温度一致后，采用桥式起重机将管片吊至卡车上，运至露天堆放场存放，管片按型号分别码放，可采用侧立或内弧面向上平放，侧放一般不超过 3 层，平放一般不超过 5 层，管片间采用垫木分隔。

11.3 预制混凝土管片厂布置

预制混凝土管片厂主要由钢筋生产区、混凝土拌和站、管片生产线、管片蒸养窑、管片室内存放区等构成。

预制混凝土管片生产车间主要分：混凝土管片钢筋笼加工和质量检验区、混凝土拌和区及其输送下料区、混凝土管片生产线、蒸汽锅炉及蒸汽养护区、混凝土管片翻转及车间室内养护区、质量控制实验室、预制混凝土管片厂办公室、预制混凝土管片生产用品仓库等生产辅助设施。某双护盾 TBM 施工、管片内径为 6.0 m 的隧洞工程的预制混凝土管片厂生产车间平面布置见图 11-1。

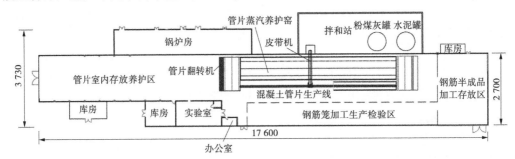

图 11-1 预制混凝土管片生产车间平面布置示意图

第 12 章　深埋长隧洞不良地质洞段 TBM 施工的应对措施

12.1　深埋长隧洞的主要地质风险

受地质勘察技术手段限制及由于深埋隧洞地质条件本身的复杂性，目前尚难以准确地判断深埋长隧洞的主要地质风险。如编者参与设计的巴基斯坦 N-J 水电站工程发电引水洞最大埋深 1 900 m，采用 2 台直径 8.5 m 敞开式 TBM 施工，地层岩性为 SS Ⅰ 砂岩、SS Ⅱ 砂岩和泥页岩互层，为软、硬相间的地层结构，国外咨询公司判断该隧洞施工岩爆风险不大，但却在埋深约 1 200 m 处发生强烈岩爆，导致停机数月；编者参与设计的新疆某隧洞工程，最大埋深 2 268 m，采用 2 台直径 6.5 m 敞开式 TBM 施工，TBM1 在埋深 700~1 000 m 洞段曾发生多次中等岩爆，掘进通过 2 000 m 以上洞段反而未发生中等及以上岩爆，也未出现预期的围岩大变形。尽管如此，仍应采取必要手段对隧洞工程主要地质风险进行评估和判断，以做到防范于未然。

深埋长隧洞的主要地质风险一般有岩爆、软弱围岩大变形、高外水压力及突涌水、宽大断层破碎带和高地温度等。

12.2　应对深埋长隧洞主要地质风险的措施

12.2.1　岩爆

12.2.1.1　岩爆等级的判断

《水利水电工程地质勘察规范》（GB 50487—2008）附录 Q 规定：岩体在同时具备高地应力、岩质硬脆、完整性好~较好、无地下水的洞段，可初步判别为易产生岩爆，岩爆分级可按表 12-1 进行判别。

表 12-1　岩爆分级及判别

岩爆级别	主要特征	岩石强度应力比的 R_b/σ_m
轻微岩爆（Ⅰ级）	围岩表层有爆裂脱落、剥离现象，内部有噼啪声、撕裂声，人耳偶然可听到，无弹射现象；主要表现为洞顶的劈裂—松脱破坏和侧壁的劈裂—松胀、隆起等。岩爆零星间断发生，影响深度小于 0.1 m，对施工影响较小	4~7
中等岩爆（Ⅱ级）	围岩爆裂脱落、剥离现象较严重，有少量弹射，破坏范围明显。有似雷管爆破的清脆爆裂声，人耳可听到围岩内的岩石撕裂声，有一定的持续时间，影响深度 0.1~1.0 m，对施工有一定影响	2~4
强烈岩爆（Ⅲ级）	围岩大片爆裂脱落，出现强烈弹射，发生岩块的抛射及岩粉的喷射现象。有似爆破的爆裂声，声响强烈，持续时间长，并向围岩深度发展，影响深度 1~3 m，破坏范围大，爆岩块度大，对施工影响大	1~2
极强岩爆（Ⅳ级）	围岩大片严重爆裂，爆岩（块、片）出现剧烈弹射，振动强烈，声响剧烈，有似炮弹、闷雷声，迅速向围岩深部发展，破坏范围大、块度大，影响深度大于 3 m，严重影响工程施工	<1

注：R_b 为岩石饱和单轴抗压强度，σ_m 为最大主应力。

《水利水电工程地质勘察规范》（GB 50847—2008）将"无地下水"作为岩爆的一个判别条件，编者不敢苟同。很明显的例子就是锦屏二级水电站工程排水洞、发电引水洞的岩爆现象，其地下水非常丰富，但强烈岩爆仍频繁发生。

锦屏一、二级水电站均采用了五因素判别法判定岩爆级别，具有一定的参考意义，其五因素分别为：洞壁围岩最大主应力与岩石单轴抗压强度之比 σ_1/R_c；洞壁围岩最大切向应力与岩石单轴抗压强度之比 σ_θ/R_c；岩石单轴抗压强度与岩石抗拉强度之比 R_c/R_1；岩石弹性应变能与岩石耗损应变能之比 W_{et}；岩体完整性系数 K_v。

12.2.1.2　防避岩爆的设备措施

1. 敞开式 TBM、DSU-C

岩爆既可能在 TBM 掘进掌子面附近发生，也可能在岩体出露护盾后数十小时内发生，因其发生岩爆范围较大，致使敞开式 TBM、DSU-C 应对岩爆的措施十分有限。

为了防止掌子面发生的岩爆对 TBM 刀盘造成损坏，可增大刀盘的刚度，如采用厚钢板作为刀盘面板（SELI 公司曾采用 30 cm 厚钢板作为 TBM 刀盘面板）；为了防止掌子面附近发生的岩爆对 TBM 护盾造成损坏，可适当增大护盾的厚度。

为了防护岩体出露护盾后发生的岩爆，敞开式 TBM、DSU-C 均宜采用 McNally 设计。

TBM 配置强大的驱动系统和推进系统，具有大推力和大扭矩，以应对岩爆导致的刀盘和护盾的卡机。

但以上设备措施不适用于极强岩爆洞段，即使将其用于强岩爆洞段，也需结合工程措施和施工措施经论证后采用。

2. 护盾式 TBM

护盾式 TBM 除刀盘和护盾外，其他各部分均处于刀盘、护盾和衬砌管片的封闭保护之下。与敞开式 TBM 一样，为了防止掌子面附近发生的岩爆对 TBM 刀盘和护盾造成损坏，可增大刀盘面板和护盾的厚度，以增加其对岩爆的抗冲击能力。

TBM 配置强大的驱动系统和推进系统，具有大推力和大扭矩，以应对岩爆导致的刀盘和护盾的卡机。

12.2.1.3　防避岩爆的工程措施

1. 敞开式 TBM、DSU-C

鉴于岩爆的产生机制比较复杂，应对岩爆的措施也应具体情况具体分析，故本书不探讨具体方案，仅就其原则进行探讨。

敞开式 TBM 应对轻微、中等岩爆的原则如下。

1）及时封闭岩面

及时封闭岩面有利于围岩调整应力分布，以达到再次平衡。喷混凝土宜采用纳米硅粉钢纤维混凝土、纳米硅粉聚丙烯粗纤维混凝土。

2）柔性支护

采用柔性支护体系的目的是让围岩应力渐进式调整，在调整的过程中达到新的平衡。若采用刚性支护体系，其依自身刚度先与岩壁应力达到暂时平衡，当地应力逐渐释放、累积，超过支护体系的屈服强度时，支护体系将突然失稳，围岩应力将集中释放。

柔性支护体系的喷混凝土可采用纳米硅粉钢纤维混凝土、纳米硅粉聚丙烯粗纤维混凝土；钢筋网采用柔性细钢丝、锚杆可采用让压式锚杆、钢拱架采用 U 形可伸缩钢拱架。柔性支护理念在巴基斯坦 N-J 水电站工程岩爆防治中取得较好效果。

2. 护盾式 TBM

护盾式 TBM 施工采用预制钢筋混凝土管片作为永久衬砌，管片衬砌为拼装结构，整体性差，增强其抵抗岩爆能力的关键是增强其整体性。首先，管片采用螺栓连接，其次，及时充填管片环间隙并及时进行回填灌浆。

TBM 开挖直径与管片外径间可预留有较大的间隙，以增加豆砾石层厚度和围岩变形空间。如法国 Frejus Safety Gallery 工程，隧道总长 12 875 m，最小埋深 700 m，最大埋深 1 800 m，开挖直径 9.46 m，管片外径 9.00 m，环间隙 0.46 m。

此外，TBM 推进系统（含辅助推进系统）应有强大的推力，以便在护盾卡机时通过强大推进系统自主脱困。

以上措施不适用于极强岩爆洞段，至于是否适用于强岩爆洞段也尚待验证。因护盾式 TBM 用于深埋长隧洞施工的历史较短，仅约十年时间，且洞内人员与围岩隔绝，TBM 掘进过程即使发生强岩爆可能也未被发现。编者认为，虽不能断言护盾式 TBM 适用于强岩爆洞段的施工，但其在施工过程中，整个隧洞内洞壁临空面长度不足 15 m，在一个巨大山体中，较小的临空段有利于围岩应力的调整，使之达到新的平衡状态。可以合理地推断，与工程措施和施工措施结合，护盾式 TBM 应对强岩爆具有一定的可行性。

12.2.1.4　防避岩爆的施工措施

1. 敞开式 TBM、DSU-C

TBM 在弱岩爆、中等岩爆洞段施工时，首先应分析地应力的最大主应力方向，当最大主应力方向与隧洞轴线方向一致或小角度相交时，应降低掘进速度，低转速、低扭矩、小推力掘进，以降低应力释放速度，减小岩爆强度。

在强岩爆、极强岩爆洞段，采用钻爆法开挖先导洞，以释放地应力，TBM 随后半断面掘进通过。先导洞钻爆法施工时采用玻璃钢锚杆支护，以便 TBM 掘进通过。

2. 护盾式 TBM

TBM 在弱岩爆、中等岩爆洞段施工时，首先应分析地应力最大主应力方向，当最大主应力方向与隧洞轴线方向一致或小角度相交时，应降低掘进速度，低转速、低扭矩、小推力掘进，以降低应力释放速度，减小岩爆强度。

强岩爆段可尝试采用 TBM 通过，施工时采用低转速、低扭矩、小推力掘进，同时，及时充填豆砾石并进行回填灌浆。

极强岩爆洞段，采用钻爆法开挖先导洞，以释放地应力，TBM 随后半断面掘进通过。先导洞钻爆法施工采用玻璃钢锚杆支护，以便 TBM 掘进通过。

12.2.2　软弱围岩大变形

12.2.2.1　软弱围岩大变形的判别

一般认为，当软岩的强度应力比小于 2 时将发生大变形，在深埋长隧洞中，因地应力大，中硬岩也可能发生大变形，应采用相应措施。

12.2.2.2　设备措施

1. 敞开式 TBM

1）增大刀盘扩挖能力

敞开式 TBM 通过调整滚刀和位置，可实现径向 100 mm 的长距离扩挖，此扩挖能力为敞开式 TBM 的基本要求。若围岩变形量大，可能侵占永久衬砌断面时，还可采用浮动式刀盘，设于主驱动底部油缸可将刀盘抬升，以增大扩挖能力，其增大的扩挖空间，与底部油缸的行程相等，SELI 公司曾采用 100 mm 油缸行程；还可采用布置与护盾和刀盘支撑间的一组水平及竖直油缸的伸缩来实现扩挖。

2）增大护盾径向伸缩范围

敞开式 TBM 的护盾由多块构成，各块均有油缸连接，各个油缸的联合作用，可使护盾直径发生变化。护盾伸缩范围一般不超过±100 mm，当隧洞存在软弱围岩大变形风险时，其值应适当增大。如巴基斯坦 N-J 水电站工程发电引水洞 TBM 开挖直径为 8.53

m，护盾伸缩范围为 8.23~8.63 m。

3）增大脱困扭矩

当刀盘发生卡机时，启动 TBM 驱动电机，若其有足够大的脱困扭矩，则可能自主脱困。

2. 单护盾 TBM

1）护盾倒锥形设计

刀盘、前盾、中盾、尾盾直径依次减小，即从前往后，为围岩变形预留的空间逐渐加大，减小护盾卡机的概率。

2）增大刀盘扩挖能力

增大刀盘扩挖能力的方式与敞开式 TBM 一致。

3）缩短护盾

单护盾 TBM 的护盾越短，发生护盾卡机概率越小，即使短护盾被卡，处理起来也相对容易。因单护盾 TBM 只有一套推进油缸，改善油缸及驱动电机布置，可使 TBM 护盾缩短。

4）增大脱困扭矩

同敞开式 TBM。

5）增大推进系统大推力

单护盾 TBM 依靠推进油缸顶推已拼装管片产生推力，因预制钢筋混凝土管片采用较高强度等级，其可承受的顶推力较大，对于大直径 TBM，往往可达数千吨。因此，配置较大推力的推进油缸，在护盾卡机时，可依靠 TBM 的巨大推力自行脱困。

3. 双护盾 TBM

1）护盾倒锥形设计

刀盘、前盾、伸缩护盾、支撑护盾、尾盾直径依次减小，即从前往后，为围岩变形预留的空间逐渐加大，减小护盾卡机的概率。

2）增大刀盘扩挖能力

同敞开式 TBM。

3）增大脱困扭矩

同敞开式 TBM。

4）增大辅助油缸大推力

双护盾 TBM 在护盾卡机时，可启用单护盾工作模式，依靠辅助推进油缸顶推已拼装管片产生推力，因预制钢筋混凝土管片采用较高强度等级，其可承受的顶推力较大，对于大直径 TBM，往往可达数千吨。因此，配置较大推力的推进油缸，在护盾卡机时，可依靠 TBM 的巨大推力自行脱困。

4. DSU-C

1）护盾倒锥形设计

同双护盾 TBM。

2）增大刀盘扩挖能力

同敞开式 TBM。

3）增大脱困扭矩

同敞开式 TBM。

4）增大辅助油缸大推力

同双护盾 TBM。

12.2.2.3　工程措施

1. 敞开式 TBM、DSU-C

1）超前加固

深埋长隧洞中，若软岩洞段围岩的强度应力比较小，当围岩被揭露后，可能发生较快的变形导致 TBM 的卡机。为减小在软弱围岩段卡机的概率，可对掌子面前方软弱围岩实施超前加固，以增大掌子面周边围岩的强度，增大围岩的强度应力比，从而减小变形幅度和变形速率、减小 TBM 卡机概率。

2）采用柔性支护

深埋长隧洞中的软弱围岩洞段，因岩体自重应力大，使软弱围岩发生变形，并对阻碍其变形的一次支护体系产生力的作用，如果其为刚性结构，当作用力达到其屈服强度时，将发生突然失稳。故在深埋长隧洞软弱围岩洞段，宜采用柔性支护，如采用让压锚杆、可伸缩 U 形钢拱架等。

2. 护盾式 TBM

1）增大环间隙

深埋长隧洞中的软弱围岩洞段，因岩体自重应力大，使软弱围岩发生变形，并对阻碍其变形的管片衬砌体系产生力的作用。管片外壁与洞壁间存在环间隙，环间隙越大，应力释放越充分，因围岩变形作用于管片上的力则越小，可对管片衬砌起到保护作用。

2）增大管片厚度

围岩变形产生的力通过豆砾石层作用于管片上，管片端面偏心受压，为了减小管片端面最大压应力，可适当增大管片厚度。

3）管片间螺栓连接

管片衬砌为拼装结构，当相邻管片受到不均匀力作用时，相互之间将发生径向位移，使管片衬砌发生错台。错台越大，管片端头受力面积越小，压应力增大，当错台达到一定程度时，可能导致管片衬砌的失稳。为限制管片间发生错台，可在其间采用螺栓连接。

12.2.2.4　施工措施

TBM 掘进至软弱围岩大变形洞段时，宜采用低推力、低转速、低贯入度连续掘进，宁慢勿停，为防止软弱围岩中易发生的机头下沉，应使机头始终保持一定的向上趋势。

对于护盾式 TBM，豆砾石回填灌浆可适当滞后进行，以预留围岩变形时间和空间，减小对衬砌管片的破坏力。

12.2.3　高外水压力及突涌水

12.2.3.1　高外水的判别

我国民间有句谚语"山有多高，水有多高"，尽管不十分确切，但确有一定道理。《水利水电工程地质勘察规范》（GB 50487—2008）附录 W.0.1 通过外水压力折减系数对其进行了量化。

当隧洞埋深大且透水性强时，外水压力与山的高度极为接近，因此在深埋长隧洞中，高外水压力及由此产生的突涌水的风险不可忽视。

12.2.3.2　设备措施

高外水压力引起的突涌水一般发生在掌子面附近，随着 TBM 的掘进，当岩塞或岩幕厚度不足以抵抗外水压力时，岩体将被击穿而发生突涌水。高外水压力在引发突涌水的过程中，其所具有的势能转换为水的动能，水流以极高的速度向洞内射出，给其射程范围内的人员和设备造成极大的威胁。

为了防止高外水产生的突涌水对人员和设备造成的危害，各型 TBM 的刀盘及护盾应有较大的刚度，以便为主机范围内人员和设备提供较可靠的保护。

单护盾 TBM 的中盾上，双护盾式 TBM 的支撑护盾和尾盾上，布设直径 100 mm 与隧洞轴线小角度相交的倾斜孔，以实施超前灌浆。

顺坡掘进的 TBM 还应在主机附近配备大流量排水泵，以防突涌水淹没驱动电机。

12.2.3.3　工程措施

1. 超前排水

TBM 掘进进入高外水洞段时，视地下水补给情况采取相应措施。若地下水补给充分，当其被揭露后，外水压和涌水量衰减较慢，排水难以产生效果，此时应以堵为主，堵排结合；反之，当地下水补给不充分，其被揭露后，外水压和涌水量衰减较快，排水效果明显，此时应以排为主，堵排结合。高外水洞段采用以排为主的方案时，应采用超前排水，以防高外水压击穿岩塞或岩幕。超前排水孔采用 TBM 配置的超前钻机钻设。

2. 超前阻水

如上所述，当高外水压洞段地下水补给充分时，应采用以堵为主的方案。TBM 施工超前阻水存在以下几个问题尚待解决：

（1）钻孔角度小，难以形成有效帷幕厚度。

（2）钻进水平孔时出现断杆，将难以处理，若无水平钻孔，则在 TBM 前方难以形成封闭的阻水帷幕。

（3）超前阻水效率低，每月进尺在 30 m 以下。

（4）对敞开式 TBM 而言，因其在护盾上无导向孔，成孔困难，且因超前钻机的运行齿圈不封闭，难以实现全环钻孔。

鉴于上述原因，目前尚未找到 TBM 实施全封闭超前阻水的工程案例，仍需要进行不断的探索，钻杆材料和超高压化学灌浆可作为研究方向。

12.2.3.4　施工措施

TBM 在掘进至高外水洞段时，应预留足够安全距离，并加大超前物探探水力度，发现可疑情况应钻探验证。根据预测的外水压力，在采用排水或堵水措施前，应预留足够岩塞厚度。

逆坡排水洞段排水系统应有足够排水能力。

12.2.4　宽大断层带

12.2.4.1　设备措施

1. 敞开式 TBM

敞开式 TBM 应配置超前钻机，必要对岩体进行超前支护。

敞开式 TBM 采用 McNally 设计，以在护盾后方形成完整的联系紧密的支护体系。

2. 护盾式 TBM

护盾式 TBM 的中盾（单护盾）、支撑护盾（双护盾）和尾盾（双护盾）上布设一环直径 100 mm 与隧洞轴线斜交的倾斜孔，前排孔与隧洞轴线夹角为 7°~10°、后排孔与隧洞轴线夹角为 10°~18°（大直径 TBM）。

3. DSU-C

DSU-C 应配置超前钻机，必要时对岩体进行超前支护。

在 DSU-C 的支撑护盾上布设直径 100 mm 且与隧洞轴线斜交的倾斜孔。

12.2.4.2　工程措施

1. 超前加固

超前加固是采取超前支护、灌浆等方法增大掌子面前方岩体自稳能力，以便 TBM 顺利通过的方法。

敞开式 TBM 采用超前管棚法较为方便；护盾式 TBM 采用超前注浆法较为方便。

2. 旁洞法通过

若经评估，TBM 采用其他方法通过宽大断层带有困难，可采用旁洞法。即在 TBM 主机后某位置开设旁洞，绕至 TBM 刀盘前方，采用钻爆法对断层带进行处理，TBM 步进或滑行通过已完成开挖和支护的断层带。

12.2.4.3　施工措施

TBM 在掘进至高外水洞段时，应预留足够安全距离，并加大超前物探探水力度，发现可疑情况应采用钻探验证，并根据断层情况拟定施工方法。

12.2.5　有害气体

12.2.5.1　设备措施

1. 有害气体监测传感器

TBM 有不同位置应安装监测各种有害气体浓度的传感器，以便及时采取应对措施。

2. 增大通风系统供风能力

通风系统供风能力越大，则越可在短时间内将有害气体浓度降至允许范围内。因此，增大通风系统供风能力是消除有害气体危害的基本方法。

12.2.5.2　施工措施

施工中应加强有害气体的监测，一旦发生报警应立即严格按照规范要求启动应急措施。如当开挖面瓦斯浓度大于 1.5% 时，所有人员必须撤至安全地点。

12.3　卡机处理

12.3.1　卡机的概念

卡机是指由于 TBM 周边围岩的作用导致的刀盘无法转动或护盾无法被推进的现象，是 TBM 施工过程中较为常见的问题。本书试图结合 TBM 机型，从力学的角度对 TBM 卡机进行分析，并提出相应解决办法。鉴于双护盾 TBM 卡机概率相对较大，且卡机处理相对困难，本书以双护盾 TBM 为例进行分析。

12.3.2　双护盾 TBM 刀盘卡机机制

本书第 2 章计算过程表明，刀盘脱困时，要克服三部分扭矩，即正常掘进扭矩、刀盘正面扭矩和刀盘周边扭矩。对于某一直径的 TBM，其最大脱困扭矩被限制在某一范围内，而在深埋长隧洞中，随着埋深的增加，地应力变得很大，刀盘的正面和周边扭矩也相应变得很大，当 TBM 的最大脱困扭矩小于上述三者之和时，即发生刀盘卡机。即当 $T_{ub} < T_a + T_f + T_c$ 时，将发生刀盘卡机。T_{ub} 表示 TBM 设计最大脱困扭矩，$kN \cdot m$；T_a 表示 TBM 掘进扭矩，$kN \cdot m$；T_f 表示刀盘的正面扭矩，$kN \cdot m$；T_c 表示刀盘的周边扭矩，$kN \cdot m$。代入各自参数值，当下式成立时，将发生刀盘卡机：

$$T_{ub} < 0.3DfF_c + \frac{\mu\pi D^3(p_2+p_3)}{24} + \mu\pi D^2 l \frac{(p_0+p_1+p_2+p_3)}{8}$$

式中符号意义同第 2 章。

12.3.3　双护盾 TBM 护盾卡机机制

12.3.3.1　双护盾 TBM 脱困推力计算（辅助推进油缸推进）

1. 刀具阻力

刀具阻力 F_c 同前。

2. 前盾及伸缩护盾前进阻力

角度为 θ 处一个微单元的面积可表示为 r（$d\theta \cdot dr$），该处的正面压强可表示为：

$p_2 + \left(\dfrac{p_3 - p_2}{2} - \dfrac{p_3 - p_2}{D} r\sin\theta \right)$。

刀盘正面阻力按下式计算：

$$F_f = \int_0^r \int_0^{2\pi} \left[p_2 + \left(\frac{p_3 - p_2}{2} - \frac{p_3 - p_2}{D} r\sin\theta \right) \right] dr d\theta \tag{12-1}$$

3. 后配套牵引力

TBM 在脱困的同时还需为克服除盾体承载的主机重量以外的主机和后配套总重力（当拖拉油缸不启用时）产生滚动摩擦，按下式计算：

$$F_d = \mu_r W_b \tag{12-2}$$

式中　　F_d——后配套所需牵引力，kN；

　　　　μ_r——钢-钢间滚动摩擦系数；

　　　　W_b——除盾体承载的主机重量以外的主机和后配套总重力，kN。

4. 克服不良地质条件下岩体产生的阻力所需牵引力

岩体坍塌后，其重力作用于护盾，护盾继续前行必须克服其产生的摩擦阻力，按下式计算：

$$F_{sb} = \mu DL(p_0 + p_1 + p_2 + p_3) \tag{12-3}$$

式中　　L——包含刀盘出露长度、前盾、伸缩护盾、支撑护盾和尾盾的总长度，m；

　　　　其他符号意义同前。

5. 脱困推力计算

TBM 脱困时，需克服刀具阻力、盾体前进阻力、不良地质条件下围岩阻力，按下式计算：

$$F_{bs} = F_c + F_f + F_d + F_{sb} \tag{12-4}$$

式中　　F_{bs}——单护盾工作模式所需脱困推力，kN；

　　　　其他符号意义同前。

12.3.3.2　卡机判别

若 TBM 辅助油缸最大推力以 F_{ac} 表示，则有：

当 $F_{ac} < F_{bs}$ 时，发生护盾卡机。

12.3.4　双护盾 TBM 卡机的几种形态

12.3.4.1　刀盘卡机

根据已建工程的统计分析，刀盘卡机主要有如下情况：

（1）掌子面围岩破碎，大块岩体坍塌将刀盘卡死。

（2）掌子面突泥涌砂将 TBM 刀盘淹没，致使刀盘无法转动。

（3）泥岩遇水软化、泥化，出现泥裹刀现象，致使刀盘无法转动。

根据卡机力学模型分析，刀盘卡机时，要解决的问题是减小松散材料高度 H 和增大松散材料内摩擦角 φ，以减小 p_0、p_1、p_2 和 p_3，从而减小所需脱困扭矩。凡可达到上述目的的处理方法均可采用。

12.3.4.2　护盾卡机

根据已建工程的统计分析，护盾卡机主要有如下情况：

（1）围岩坍塌将盾壳卡死。

（2）软弱膨胀泥岩的掘进过程中，由于缩径变形较大，变形应力也较大，从而将盾壳抱死。

（3）高地应力造成的缩径，将 TBM 抱死。

根据卡机力学模型分析，需解决的问题是解除挤压应力，以减小 p_0、p_1、p_2 和 p_3，从而减小所需脱困扭矩和推力。凡可达到上述目的的处理方法均可采用。

12.3.4.3　姿态偏差造成卡机

根据已建工程的统计分析，姿态偏差造成卡机主要有如下情况：

（1）刀盘前方开挖空间底部仰拱经水浸泡后丧失承载力，导致 TBM 无法进行有效调向，无法将刀盘抬起，造成 TBM 卡机。

（2）由于 TBM 偏向趋势过大，其姿态偏离设计位置过大，致使 TBM 无法继续掘进，造成 TBM 被困。

12.3.5　双护盾卡机处理的程序

卡机的处理应具有针对性，不应无的放矢。双护盾 TBM 卡机宜按下列程序选择卡机的处理方式：

（1）根据卡机前 TBM 运行记录的各种参数，如推力、扭矩、转速、贯入度等，判断 TBM 卡机的类型。

（2）判断为刀盘被卡时，若因围岩收敛或掌子面坍塌造成的刀盘卡机，则启动脱困模式，以强大的脱困扭矩驱动刀盘旋转，尝试自主脱困、快速通过；若为坍塌或岩爆产生的大块岩石造成的卡机，则可先对其进行解小，再以脱困模式尝试自主脱困、快速通过。

（3）若判断为护盾被卡，则可考虑增大推进油缸或辅助推进油缸推力自主脱困、快速通过。

（4）上述主动脱困、快速通过的尝试失败后，且根据卡机前 TBM 运行参数、物探、钻探资料、TBM 性能参数判断已无快速通过可能时，则通过钻探手进一步确认卡机部位及程度。

（5）根据确认的卡机部位及程度、钻探资料，以及前述卡机的机制分析，有针对性地选择处理方法。

（6）按选择的卡机处理方法进行处理。

（7）开始脱困后试掘进。

（8）当不良地质洞段较长时，则应逐段进行超前预处理，并根据脱困后试掘进的运行参数，调整下一段超前预处理参数。

（9）通过不良地质洞段后恢复正常掘进。

12.3.6　双护盾卡机处理的案例

12.3.6.1　TBM 化学灌浆脱困方案

1. 化学灌浆脱困方案的选用

新疆某双护盾 TBM 施工隧洞，在采用砂浆回填、水泥灌浆、水泥水玻璃灌浆、化学灌浆成功实施十数次脱困后，经分析比较认为：水泥灌浆工期长、间接费用高，难以满足施工工期的要求；纯化学灌浆凝固时间短，处理功效高，综合效益好。

2. 化学灌浆脱困方法

（1）首先在刀盘内、腰线以上正前方和刀盘上半圆周边，从刀座、边刀和铲刀处钻孔，布设花管，进行化学灌浆，以固结刀盘掌子面，作为固结灌浆盖重，同时灌浆结石可保护刀盘、防止灌浆材料进入刀盘倒锥体。

（2）然后从前盾 4#、5#、6#、7#、8# 孔进行超前钻孔，对刀盘上方和前方松散渣料进行化学固结灌浆；钻孔过程中如发现空洞则先采用砂浆回填，然后对松散区进行化学灌浆。

（3）在化学灌浆完成后及时进行现场清理，因化学灌浆凝结时间只有 10~20 s，随后可直接启动设备掘进。

3. 钻孔

1) 钻孔设备

钻孔终孔孔径为 ϕ 32~76 mm。对于孔深小于 4 m 的钻孔，采用 ϕ 38~48 mm 孔径，若在松散渣料中钻孔采用风镐将灌浆管直接顶入，若在原状泥岩中则采用 YT28 型手风钻钻进；孔深大于 4 m 的钻孔采用潜孔钻机钻设，开孔孔径 90 mm；孔深 2~50 m 的超前钻探孔采用液压锚杆钻机钻孔并取芯。

2) 钻孔位置

（1）掌子面钻孔。在 TBM 刀盘内腰线以上前方和刀盘上半圆周边，从刀座、边刀和铲刀处钻孔（刀具分布见图 12-1）、布设花管进行化学灌浆，用于固结刀盘掌子面。

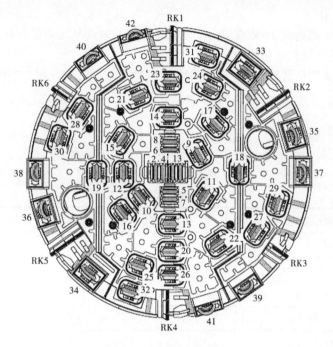

图 12-1　刀盘刀具分布

（2）从前护盾向外的钻孔。在前护盾 4#、6#、8# 孔位采用潜孔钻造孔。4# 孔左偏 30~35 cm/m，上扬 30 cm/m；6# 孔左、右偏 0，上扬 30 cm/m；4# 孔右偏 30~35 cm/m，上扬 30 cm/m。护盾钻孔布置见图 12-2。

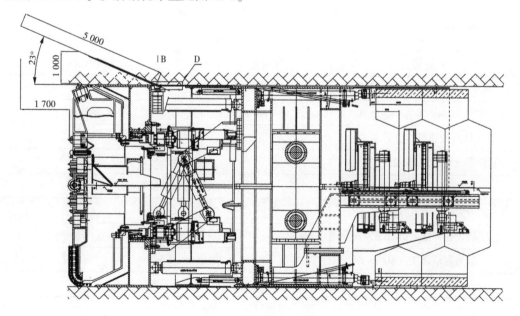

图 12-2　护盾钻孔布置

5#、7#孔根据停机前的出渣情况，结合 4#、6#、8#孔的灌入量，现场决定，施工方法同 4#、6#、8#孔。

（3）从 TBM 尾盾向 TBM 掘进方向超前钻孔。此时需从尾盾另开孔，该工程中断层破碎带或碳质泥岩洞段采用此种布置。

（4）从 TBM 尾盾或已安装管片向围岩径向钻孔。此种钻孔用于加固围岩。

4. 化学灌浆

1）灌浆材料

本工程采用的化学灌浆材料主要有瑞米加固 I 号和瑞米加固 II 号、马丽散、聚胺脂组合料等，其技术参数见表 12-2~表 12-5。

表 12-2　瑞米加固 I 号技术参数

产品特性	A 组分	B 组分
外观		
黏度（23±2 ℃）（MPa·s）	<500	<200
比重（23±2 ℃）（kg/m³）	1 020±10	1 230±30
使用配比（体积比）	1：1	
开始反应时间（s）	<60	
发泡终止时间（23±2 ℃）（s）	100±20	
发泡性能	本身不发泡，与水接触会反应发泡	

表 12-3　瑞米加固 II 号技术参数

产品特性	A 组分（Bevedol WF）	B 组分（Bevedan）
外观	淡黄色液体	深褐色液体
黏度（23±2 ℃）（MPa·s）	200~400	200~400
比重（23±2 ℃）（kg/m³）	1 020±10	1 230±30
使用配比（体积比）	1：1	
完全固化时间（23±2 ℃）（s）	40±5	
发泡性能	本身不发泡，与水接触会反应发泡	
最大抗压强度（MPa）	60~80	
最大拉伸强度（MPa）	>10	
最大黏结强度（MPa）	>5	
阻燃特性	不阻燃	

表 12-4　马丽散技术参数

产品特性	A 组分	B 组分
外观		
黏度（23±2 ℃）（MPa·s）	<500	<300
比重（23±2 ℃）（kg/m³）	1 020±10	1 230±30
使用配比（体积比）	1:1	
完全固化时间（23±2 ℃）（s）	60±5	
固化物抗压强度（MPa）	735	
黏接强度（MPa）	75	
膨胀比	2	

表 12-5　聚氨酯组合料技术参数

产品特性	A 组分	B 组分
外观		
黏度（23±2 ℃）（MPa·s）	<300	<200
比重（23±2 ℃）（kg/m³）	1 020±10	1 230±30
使用配比（体积比）	1:1	
完全固化时间（23±2 ℃）（s）	30±5	
固化物抗压强度（MPa）	5~7	
黏接强度（与干混凝土面）（MPa）	>3.0	

2）化学灌浆设备

灌浆管采用双管，一长一短，长管用于化学灌浆加固围岩，短管用于封孔。

灌浆泵采用 3ZBQS-16/20 双组料泵，注浆机采用 ZBYSB-120/7-7.5 高压注浆机。化学灌浆前、后要冲洗、清理制浆与灌浆设备，以保证浆液纯度和避免设备腐蚀。

5. 化学灌浆施工

1）灌浆顺序

先由下向上灌注内环形成封闭环，然后扫孔进行超前注浆。

2）施工工序

化学灌浆按下列工序进行：

钻孔→冲洗→安装堵塞→连接灌浆管→注浆→封孔→检查孔钻孔及灌浆→孔位转移。

3）施工工艺

化学灌浆施工工艺见图 12-3。

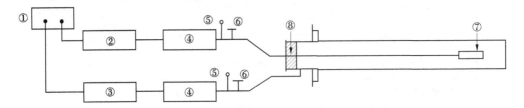

①—浆液搅拌站；②—水泥浆池；③—速凝剂池；④—灌浆泵；
⑤—压力表；⑥—闸阀；⑦—浆液混合器；⑧—灌浆塞

图 12-3　化学灌浆施工工艺

4）化学灌浆方法

化学灌浆开灌后，在较短时间内将灌浆压力提高至设计最大灌浆压力，以增大浆液扩散范围和保证灌浆结石的密实性。在规定的压力下灌浆连续进行，当前灌浆孔停止吸浆并待闭浆后结束该孔的灌注。

5）资源配置

化学灌浆设备及材料汇总见表 12-6。

表 12-6　化学灌浆设备及材料汇总

序号	项目名称	规格型号	单位	数量	备注
一	探测和钻孔设备材料				
1	潜孔钻		台	1	
2	锚杆钻机		台	1	
3	手风钻	YT-28	台	2	
4	风镐		台	3	
二	化学灌浆设备材料				
1	化学灌浆泵	3ZBQS-16/20	台	2	备用 1 台
2	灌浆泵	ZBYSB-120/7-7.5	台	1	备用
3	称量桶		台	2	备用 1 台
4	可屈挠灌浆管	L2000	根		视处理范围确定
5	塑料注浆延长管	L2000	根		视处理范围确定
6	延长管接头	$\phi 20$	个		视处理范围确定
7	封堵塞	$\phi 38$	个		视处理范围确定
8	自进式锚杆	$\phi 32 \times 1\,000mm$	m		视处理范围确定
9	钻头	$\phi 32$	只		视处理范围确定
10	联结套	$\phi 32$	只		视处理范围确定

续表 12-6

序号	项目名称	规格型号	单位	数量	备注
11	垫板	$\phi 32$	只		视处理范围确定
12	螺母	$\phi 32$	只		视处理范围确定
13	止浆塞	$\phi 32$	只		视处理范围确定
14	注浆接头	$\phi 32$	套		视处理范围确定
15	钎尾钎套	HXZ32	套		视处理范围确定
16	钢管	$\phi 10$	m		视处理范围确定
17	PVC 管	$\phi 10$	m		视处理范围确定

12.3.6.2　隧洞软弱围岩大变形导洞脱困方案

1. 导洞布置

新疆某隧洞采用双护盾 TBM 施工，在软弱围岩洞段因围岩塌方和大变形导致护盾卡机时，采用了以下几种导洞布置方案（见图 12-4）：

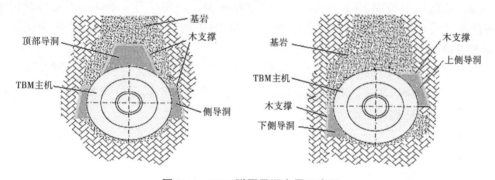

图 12-4　TBM 脱困导洞布置示意图

（1）施工人员自刀盘人孔进入刀盘前方，从刀盘正前方顶部向护盾方向开挖导洞。

（2）施工人员从伸缩护盾处进入护盾顶部空间，向前盾或尾盾方向开挖导洞。

（3）施工人员从伸缩护盾处进入护盾两侧空间，在护盾两侧腰线部位向前盾或尾盾方向开挖导洞。

（4）施工人员从伸缩护盾处进入，在护盾两侧靠近底部或上部向前盾方向开挖导洞。

2. 导洞施工

导洞采用风镐人工开挖，根据导洞布置的位置，分别从刀盘、伸缩护盾等部位开始，人工凿除 TBM 周边的围岩，以减小松散或变形围岩对护盾的挤压，从而减小护盾与围岩间的摩阻力，使摩阻力小于辅助推进油缸最大推力，从而使 TBM 脱困。

开挖渣料置于 TBM 主机胶带输送机上，再由胶带输送机输送至出渣矿车上。在人工开挖过程中，视导洞围岩稳定情况确定是否采用短方木进行临时支护，若围岩过于破碎可采用灌浆预加固。开挖导洞过程中，每隔一定时间试拉刀盘，若护盾可以移动则停止导洞的开挖。

第 13 章　深埋长隧洞 TBM 施工进度安排

13.1　进度安排原则

深埋长隧洞地质条件的复杂性及不确定性决定了其施工进度难以控制，因此在进行深埋长隧洞的施工进度安排时，一定要留有余地，不能将非深埋隧洞的工程案例或成功经验用于深埋长隧洞施工进度安排中，并应遵循以下原则：

（1）不适用于 TBM 施工的洞段，采用钻爆法预先处理，当无条件预先处理或预先处理代价过大（如施工支洞过长等）时，可在 TBM 掘进至该洞段时，开挖旁洞绕至 TBM 前方处理。

（2）不宜直接以围岩类别、抗压强度等指标作为掘进速度判断依据，因在深埋隧洞中坚硬、完整围岩往往同时潜藏着岩爆风险（如Ⅱ类围岩洞段可能发生的岩爆），因此在此类洞段掘进速度反倒会降低。

（3）应有针对不良地质洞段处理措施的典型设计，并尽可能准确地估算出不良地质洞段通过工期。

（4）设备完好率不宜取过高。

（5）贯入度根据围岩类别、岩性、抗压强度综合选取。

（6）采用胶带输送机出渣的隧洞，应计算胶带硫化所占用的时间。

13.2　TBM 掘进进尺

13.2.1　TBM 月掘进能力计算

13.2.1.1　掘进一个行程的时间

TBM 掘进能力按其最大推进速度计算，推进油缸最大推进速度一般为 120 mm/min，即 7.2 m/h，记为 V_c。

设一个掘进行程为 L_s，忽略油缸与掘进方向夹角时，则掘进一个行程所需时间 T_s 按下式计算：

$$T_s = \frac{L_s}{V_c}$$ (13-1)

式中 T_s——掘进一个行程所需时间，min；

L_s——一个掘进行程长度，mm；

V_c——油缸最大推进速度，mm/min。

13.2.1.2 换步时间

换步时间 T_r 取经验值 5 min。

13.2.1.3 一个掘进循环时间

一个掘进循环时间 T_c 按下式计算：

$$T_c = T_s + 5$$ (13-2)

T_c——完成一个掘进循环所需时间，min；

T_s——掘进一个行程所需时间，min。

13.2.1.4 每日掘进班工作总时间

TBM 施工一般每天安排 2 个掘进班，每班 10 h，掘进班工作总时间 T_t 为 20 h，即 1 200 min。

13.2.1.5 每日设备维护时间

TBM 施工一般每日安排 1 个维修班，对设备进行维护、保养及换刀等，每班 4 h，即 240 min。

13.2.1.6 掘进班 TBM 整机完好时间

设备采购合同一般要求 TBM 设备的工地整体完好率不低于 90%，则掘进班 TBM 整机完好时间 T_w 按下式计算：

$$T_w = T_t \times 90\%$$ (13-3)

式中 T_w——掘进班 TBM 整机完好时间，min；

T_t——掘进班总时间，min，取 1 200 min。

则 $T_w = 1\ 080$ min。

13.2.1.7 每日 TBM 可掘进时间

TBM 工地基本完好率是指 TBM 设备在完好情况下，不受其他条件制约，可自由掘进的时间比例，经验值取 60%。则每日 TBM 可进行掘进的时间 T_a 按下式计算：

$$T_a = T_w \times 60\%$$ (13-4)

式中 T_a——每日 TBM 可进行掘进的时间，min；

T_w——掘进班 TBM 整机完好时间，min。

计算得 $T_a = 648$ min。

13.2.1.8 TBM 每日掘进行程数

TBM 每日掘进行程数 N_s 按下式计算：

$$N_s = \frac{T_a}{T_c} \text{ 即 } N_s = \frac{648}{(L_s/V_c) + 5} \qquad (13\text{-}5)$$

式中　N_s——TBM 每日掘进行程数；

其他符号意义同前。

13.2.1.9　每日掘进距离

每日掘进距离按下式计算：

$$L_d = \frac{N_s L_s}{1\ 000} \text{ 即 } L_d = \frac{0.648 L_s}{(L_s/V_c) + 5} \qquad (13\text{-}6)$$

式中　L_d——每日掘进距离，m；

其他符号意义同前。

13.2.1.10　TBM 月掘进能力

每周一天用于保养，掘进时间为 6 d，每月掘进时间为 26 d，则 TBM 月掘进能力 L_m 按下式计算：

$$L_m = 26 L_d \text{ 即 } L_m = \frac{16.848 L_s}{(L_s/V_c) + 5} \qquad (13\text{-}7)$$

式中　L_m——TBM 月掘进能力，m/月；

其他符号意义同前。

13.2.2　各类围岩参考平均掘进速度

TBM 在掘进过程中，受到来自于刀盘正前方和护盾周边的阻力，推进油缸不可能总是以最大推进速度推进，其实际掘进速度与掌子面岩石的强度、完整性、TBM 直径、转速等多种因素有关。

"贯入度"这一概念较为综合地反映了 TBM 的掘进速度。贯入度是 TBM 刀盘旋转一周时刀盘前进的距离，其单位通常用 mm/r。不同直径的 TBM，其额定转速并不相同，通常将 TBM 最外一把边刀的线速度为 2.5 m/s 时对应的转速为最大转速，在线速度一定的前提下，TBM 直径越大，其转速越小，反之亦然。

在隧洞工程中，围岩的类别是反映其稳定性、完整性的一个较为综合的指标，Ⅰ、Ⅱ类围岩虽稳定性好，但岩体过于完整，微裂隙相对较少，不利于破岩，TBM 掘进时贯入度小；Ⅳ、Ⅴ类围岩刚好相反，虽其稳定性相对较差，但裂隙较多，便于破岩，TBM 掘进时贯入度大。Ⅲ类围岩的稳定性和完整性均适中，其贯入度介入Ⅱ、Ⅳ类围岩之间。

刀盘在旋转过程中，还需克服来自刀盘正面和周力的阻力矩，在稳定岩体中，阻力矩小，刀盘转速可较高；在不稳定岩体中，阻力矩大，刀盘转速小。

上述各种因素的综合作用使 TBM 表现为不同的掘进速度。

可按表 13-1 的步骤来推测 TBM 在各类围岩中的掘进速度和每掘进行程的时间。

表 13-1　各类围岩每分钟平均掘进进尺

项目	单位	符号	围岩类别				
			I	II	III	IV	V
转速	r/min	n					
贯入度	mm/r	P					
每分钟平均掘进进尺	mm/min	v_c					

把表 13-1 中每分钟平均掘进进尺 v_c 值代替式（13-7）中的油缸最大推进速度 V_c，即式（13-7）变为 $L_m = \dfrac{16.848 L_s}{(L_s/v_c) + 5}$，计算可得到 TBM 在各类围岩中的掘进月进尺。

13.3　其他进度指标

13.3.1　TBM 相关进度指标

13.3.1.1　TBM 设计制造

敞开式 TBM、单护盾 TBM、双护盾 TBM、DSUC 各种机型均已国产化，且生产厂家多为大型国企，其资金实力雄厚，中等直径主轴承均有备货，使 TBM 设计制造周期大大缩短，国产 TBM 设计制造周期可按 10 个月考虑。

13.3.1.2　TBM 运输工期

国内采购 TBM 一般采用公路运输，因国内公路交通发达，无论工程位于哪个省、自治区或直辖市，基本都可在 1 个月内运抵工地。TBM 运输工期按 1 个月考虑。

13.3.1.3　TBM 组装

TBM 可采用洞内组装，也可采用洞外组装，其组装工期有所差别。洞内组装受地下空间限制，运输、组装效率均会降低，洞外组装按 1.5 个月考虑，洞内组装可按 2.5 个月考虑。

13.3.1.4　TBM 洞内步进/滑行进尺

TBM 在洞外组装时，一般组装场地布置在洞口附近，其步进/滑行进洞的距离较短，可忽略其占用的时间。

敞开式 TBM 采用滑板步进，其程序相对复杂，不同施工单位实施 TBM 步进的进尺差别较大，一般在 30~80 m/d，按平均月进尺 1 000 m 考虑。

单护盾 TBM 一般为边安装管片边向前推进，基本可获得 TBM 的掘进能力对应的掘进进尺，所不同的是，因其在安装管片时 TBM 主机不前进，单护盾 TBM 滑行进尺按掘进能力计算时，还应考虑管片安装的时间。管片组装时间与 TBM 直径及每环管片数量相关，为了使问题简化，直径 7 m 以下 TBM （含 7 m）管片安装时间按 8 min 计算，直径 7 m 以上 TBM 管片组装时间按 12 min 计算。

双护盾 TBM 一般为边安装管片边向前推进，两者可同时进行，其滑行进尺可按其掘进能力计算。

13.3.2　钻爆法施工进尺

在深埋长隧洞中，因支洞长度一般较大，受爆破通风长度限制，其施工主洞的能力有限，本书只考虑采用钻爆法开挖支洞、TBM 服务洞和处理宽大断层。

为减小深埋长隧洞的支洞长度，其设计纵坡往往较大，其施工效率相对较低；同时，深埋隧洞地质条件复杂，致使其施工效率也相应降低，支洞施工进尺较非深埋隧洞有所降低。

综合考虑纵坡坡度及隧洞深埋等因素，按非深埋隧洞钻爆法施工经验值估算的施工支洞进尺分别为：Ⅱ、Ⅲ类围岩 120 m/月、Ⅳ类围岩 80 m/月、Ⅴ类围岩 50 m/月、超前预注浆 25 m/月。

TBM 服务洞钻爆法施工时间取 5 个月。

宽大断层不可采用 TBM 通过，需开挖旁洞绕行至前方对断层进行处理、TBM 滑行通过。断层处理按超前预注浆施工进尺。

13.3.3　后处理工期

后处理在隧洞贯通后进行，主要进行固结灌浆、错台处理（护盾式 TBM）等工作，后处理一般安排 6 个月左右的时间。

13.4　TBM 施工进度编制

13.4.1　单工作面 TBM 施工进度编制

13.4.1.1　自隧洞进出口进洞

自隧洞进出口进洞的 TBM，采用洞外组装，在 TBM 设计采购期间，进出口洞段采用钻爆法施工，TBM 步进或滑行进洞。

其工期由以下几部分组成：进口段钻爆法开挖、TBM 设计制造、TBM 运输、TBM 组装、TBM 步进或滑行、TBM 掘进、断层带停机处理（如有）、TBM 拆除、TBM 后处理等组成，按前述方法估算/计算出各步骤工期即为该工作面总工期。

13.4.1.2　自施工支洞进入主洞

自支洞进入主洞的 TBM 工作面，一般采用洞内组装（平支洞也可采用洞外组装），在 TBM 设计采购期间，进行支洞及 TBM 服务洞的钻爆法施工。

其工期由以下几部分组成：支洞钻爆法开挖、TBM 服务洞钻爆法开挖、TBM 设计制造、TBM 运输、TBM 洞内组装、TBM 步进或滑行、TBM 掘进、断层带停机处理（如有）、TBM 拆除、TBM 后处理等组成，按前述方法估算/计算出各步骤工期即为该工作面总工期。

13.4.2　相向掘进的两台 TBM 施工进度编制

以当前地质勘探技术手段，TBM 施工前把深埋长隧洞地质条件勘察得非常清楚仍不现实，因此深埋长隧洞施工进度存在较大不确定性，鉴于此，一般不为相向掘进的两台 TBM 预先施工拆卸洞室，而由 TBM 掘进至此后就地施工，此时拆卸洞室一般由顺坡排水的工作面实施，但当两工作面掘进距离相差悬殊时，也可由掘进相对较长的工作面实施，以减小其最大通风距离。

相向掘进的两台 TBM，按上述单工作面进度编制原则分别编制施工进度，不同之处在于，其中一台 TBM 需考虑拆卸洞室施工时间。首先假设顺坡排水的 TBM 施工拆卸洞室，依据各自掘进段长度和地质条件，进行单工作面进度编制，求出其相遇桩号，查阅地质纵剖面图，若此处为Ⅲ类及以上围岩洞段，则将此位置作为拆卸洞室位置，反之则应上移或下移该位置，并进行进度调整。

相向掘进的敞开式 TBM 掘进贯通后，尚需进行现浇混凝土的衬砌，因现浇混凝土浇筑进尺可控，为减小混凝土运输距离，两工作面平均分配衬砌长度进行进度计算。

按上述原则计算所得各工作面最长工期，即为该深埋长隧洞的施工工期。

附录　常用 TBM 英文词汇

Cutterhead 刀盘

Initial dressing cutters 初装刀

Cutterhead shield 刀盘护盾

Main bearing 主轴承

Main beam 主梁

Main drive 主驱动

Thrust system 推进系统

Belt conveyor in TBM 主机胶带输送机

Stepping mechanism 步进机构

TBM auxiliary equipment TBM 辅助设备

Probe drill 超前钻机

Steel ring beam erector 钢环梁安装机

Secondary ventilator 二次通风设备

Dedusting system 除尘系统

Laser guidance system 激光导向系统

Back-up 后配套

Back-up and trailers 后配套及拖车

Equipment connection bridge 设备连接桥

Belt conveyor on back-up 后配套胶带输送机

Auxiliary equipment of back-up 后配套辅助设备

HV cable reel 高压电缆卷轴

Emergency generator 应急发电机

Methane Monitoring System 瓦斯监测系统

Bucket 铲斗

Bull gear 大齿圈

Center cutter 中心刀

Disc cutters 滚刀

Center cutter 中心刀

Face cutter 面刀（正刀）

Gauge cutter 边刀

Spare cutters 备用刀

Gripper 支撑

Gripper shoe 撑靴

Roof support 顶支撑

Side support 侧支撑

Front support 前支撑

Rear support 后支撑

Single shield TBM 单护盾 TBM

Double shield TBM 双护盾 TBM

Open type TBM 敞开式 TBM

Reamer cutter 扩挖刀

Open gantry 开式门架后配套

Deck gantry 台车式门架

Ring beam 钢环梁

Roof pipe 管棚

参考文献

［1］杨立新，等 . 现代隧道施工通风技术［M］. 北京：人民交通出版社，2012.

［2］中华人民共和国水利部 . 水利水电工程施工组织设计规范：SL 303—2017［S］. 北京：中国水利水电出版社，2007.

［3］中华人民共和国交通运输部 . 公路隧道施工技术规范：JTG F60—2009［S］. 北京：人民交通出版社，2009.

［4］中华人民共和国交通运输部 . 公路隧道设计规范 第一册 土建工程：JTG 3370. 1—2018［S］. 北京：人民交通出版社，2019.

［5］中国国家铁路局 . 铁路隧道设计规范：TB 10003—2016［S］. 北京：中国铁道出版社，2017.

［6］中华人民共和国交通运输部 . 公路隧道设计细则：JTG/T D70—2010［S］. 北京：人民交通出版社，2010.

［7］中华人民共和国水利部 . 水工隧洞设计规范：SL 279—2016［S］. 北京：中国水利水电出版社，2016.

［8］中华人民共和国住房和城乡建设部 . 煤矿斜井井筒及硐室设计规范：GB 50415—2017［S］. 北京：中国计划出版社，2017.

［9］中华人民共和国水利部 . 水利水电工程锚喷支护技术规范：SL 377—2007［S］. 北京：中国水利水电出版社，2008.

［10］中华人民共和国住房和城乡建设部，中华人民共和国国家质量监督检验检疫总局 . 带式输送机工程设计规范：GB 50431—2008［S］. 北京：中国计划出版社，2008.

［11］国家铁路局 . 列车牵引计算第 1 部分：机车牵引式列车：TB/T 1407. 1—2018［S］. 北京：中国铁道出版社，2019.

［12］中华人民共和国水利部 . 水工建筑物地下开挖工程施工规范：SL 378—2007［S］. 北京：中国水利水电出版社，2008.

［13］康世荣，等 . 水利水电工程施工组织设计手册 第 2 册 施工技术［M］. 北京：水利电力出版社，1990.

［14］中华人民共和国国家能源局 . 火力发电厂燃烧系统计算技术规程：DL/T 5240—2010［S］. 北京：中国电力出版社，2010.

［15］李炜，等 . 水力学计算手册［M］. 2 版 . 北京：水利电力出版社，1990.

［17］中华人民共和国住房和城乡建设部，中华人民共和国国家质量监督检验检疫总局 . 水利水电工程地质勘察规范：GB 50487—2008［S］. 北京：中国计划出版社，2009.